国家自然科学基金项目（52179037、52069023）
内蒙古自然科学基金青年项目（2023QN05010）
中央引导地方科技发展资金项目（2022ZY0139）
内蒙古自治区高校科研重点项目（NJZZ23028）

U0290672

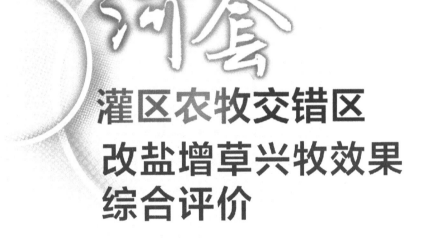

河套灌区农牧交错区改盐增草兴牧效果综合评价

杨树青　张万锋 著

西安交通大学出版社
XI'AN JIAOTONG UNIVERSITY PRESS

内容简介

本书集成了新型环保化学改良剂、微生物菌剂、暗管排水协同改良河套灌区盐碱地的综合治理关键技术,基于组合赋权法评价了河套灌区农牧交错区改盐增草兴牧的综合效益。全书共9章,主要包括盐碱地改良研究背景与国内外研究进展、试验方案设计、基于环保型改良剂与微生物菌剂耦合盐碱地综合治理、节水控盐措施下种植耐盐植物对盐碱地改良的影响、工程改良+明沟排水措施对农田土壤水盐运移的影响、暗管排水-耐盐牧草双重作用对盐渍土壤-作物系统的影响、基于DRAINMOD模型的田间排水模拟研究、暗管排水协同改良盐碱地综合效益分析等内容。本书可为河套灌区盐碱地改良、集成盐碱地综合改良关键技术等领域提供参考,也可为我国西北干旱半干旱农牧交错区盐碱地资源的开发和利用提供理论支持与技术借鉴。

本书可供农田水利、农学、土壤等专业本科生、研究生及从事相关专业研究的科研、教学和工程技术人员参考。

图书在版编目(CIP)数据

河套灌区农牧交错区改盐增草兴牧效果综合评价 /
杨树青,张万锋著. -- 西安:西安交通大学出版社,
2024.6
  ISBN 978-7-5693-3759-4

Ⅰ.①河… Ⅱ.①杨… ②张… Ⅲ.①河套—灌区—
盐碱土改良—研究—内蒙古 ②河套—灌区—农业经济—经
济发展—研究—内蒙古 ③河套—灌区—畜牧业经济—经济
发展—研究—内蒙古 Ⅳ.①S156.4 ②F327.26

中国国家版本馆CIP数据核字(2024)第091385号

书　名	河套灌区农牧交错区改盐增草兴牧效果综合评价	
	HETAO GUANQU NONGMU JIAOCUO QU GAIYAN ZENGCAO XINGMU XIAOGUO ZONGHE PINGJIA	
著　者	杨树青　张万锋	
责任编辑	王建洪	
责任校对	袁　娟	
装帧设计	伍　胜	
出版发行	西安交通大学出版社	
	(西安市兴庆南路1号　邮政编码710048)	
网　址	http://www.xjtupress.com	
电　话	(029)82668357　82667874(市场营销中心)	
	(029)82668315(总编办)	
传　真	(029)82668280	
印　刷	西安五星印刷有限公司	
开　本	700mm×1000mm　1/16　印张　13.5　字数　250千字	
版次印次	2024年6月第1版　2024年6月第1次印刷	
书　号	ISBN 978-7-5693-3759-4	
定　价	98.00元	

如发现印装质量问题,请与本社市场营销中心联系。
订购热线:(029)82665248　(029)82667874
投稿热线:(029)82665379　QQ:793619240
读者信箱:xj_rwjg@126.com

前　言

　　内蒙古河套灌区是我国重要的商品粮油生产基地，但因其独特的气候与水文地质条件，土壤盐碱化一直是制约河套灌区良性发展和农业持续健康发展的瓶颈。乌拉特灌域处于河套灌区下游农牧交错区，农田灌排现状方式主要是渠灌沟排，灌区内现有斗、农、毛渠基本可调控耕地灌溉，但田间排水工程因投入不足、年久失修等，导致灌区内部田间排水沟系及建筑物配套标准低，远远跟不上现代农业的发展要求。在土地资源日益匮乏的现实情况下，防止土壤恶化和次生盐渍化问题的发生，是灌区保护生态环境的重要课题。如何合理有效治理灌区中重度盐渍土，让农牧民实现增产增收的目标，实现农业的可持续发展，是亟待解决的问题。

　　本研究针对内蒙古河套灌区下游农牧交错区土壤含盐量高、结构差、盐渍化程度严重的现状，开展环保型改良剂与微生物菌剂、节水控盐、暗管排水-耐盐植物双重改良盐渍土等田间试验研究，结合实地调查、模型评价的方法，筛选环保型化学改良剂和微生物菌剂，研究综合节水控盐措施下土壤环境、耐盐牧草生长及生物量、牧草与土壤间盐分吸收运移规律，明晰暗管排水协同改良工程综合措施对不同程度盐渍化土壤的改良效果，同时对河套灌区农牧交错区暗管排盐增草兴牧开展农田水土环境、经济和社会效益的综合评价。本书是著者在乌拉特前旗红卫试验站连续多年开展野外田间试验的基础上，系统分析凝练的成果。本研究成果将对河套灌区农牧交错区盐碱地治理，实现"节水抑盐、提效增产、改善环境"的目标，促进灌区农牧交错区粮-经-草(饲)多元种植结构协调发展提供技术支撑和理论依据。

　　全书共9章，第1章介绍了盐碱地改良研究背景、意义及国内外研究进展，并提出了本书研究的关键科学问题、研究目标与技术路线；第2章介绍了研究区概况及试验方案；第3章基于环保型改良剂与微生物菌剂耦合措施改良盐碱地，并分析改良效果;第4章分析了节水控盐措施下种植耐盐植物对盐碱地改良的影响;第5~6章从工程措施角度研究明沟排水措施对农田土壤水盐运移的影响,阐述了暗管排水-耐盐牧草双重作用对盐渍土壤-作物系统的影响;第7~8章基于DRAINMOD模型的田间排水模拟研究,综合评价了暗管排盐协同措施改良盐碱地的综合效益;第9章对全书进行了总结与展望。

杨树青、张万锋负责全书的思路设计、整体策划和内容选择,并负责各章节内容的统稿,最后由杨树青审核定稿。张晶、鄂继芳、胡玲玲、郑彦、马守良、王波、袁宏颖、王文旭参与了各章节的文字编辑、图表制作、逻辑关系校对等工作。本书由国家自然科学基金项目(52179037、52069023)、内蒙古自治区高校科研重点项目(NJZZ23028)、内蒙古自然科学基金青年项目(2023QN05010)资助出版。

本书内容涉及多学科的交叉,且研究方法、技术的发展日新月异,加之作者水平有限,书中难免存在疏漏或不足之处,恳请相关专家、读者批评指正,提出宝贵的意见。

著 者

2024 年 6 月 1 日

目 录

第 1 章

引 言

1.1 研究背景及意义

1.1.1 研究背景

土壤是农业生产活动最基本的生产资料。对于干旱半干旱地区,土壤盐碱化和水资源短缺是限制农田高效利用和导致农业生产力水平低下的直接影响因素。土壤盐碱化主要特点为通气性差、保水性差、土壤肥力低,对植物的盐害现象构成水分胁迫和离子胁迫,严重影响植物的出苗和发育,导致作物产量和农民收入没有保障。我国盐渍土主要集中分布在西北、东北和沿海地区,都是中低产田类型,提高其生产能力对我国农业发展具有重要意义。

河套灌区是我国三个特大型灌区之一,也是全国重要的商品粮油生产基地,土质深厚肥沃,引黄灌溉便利,控制面积达 116.2 万公顷,具有发展灌溉农业得天独厚的优越条件。新中国成立以来经过 60 多年的建设与开发,灌区基本形成了灌排配套并以乌梁素海作为排水承泄区的灌溉与排水格局,增强了灌溉、防洪、防涝、抗旱等抵御自然灾害的能力。由于独特的气候以及水文地质条件,长期以来,河套灌区土壤盐碱化程度较为严重,成为制约河套灌区良性发展和农业持续健康发展的瓶颈所在。内蒙古河套灌区土壤盐渍化程度日益严重,盐渍化耕地面积达 30 多万公顷,占耕地总面积近七成。目前,河套灌区主要的排水排盐方式为明沟排水,但由于其自身特点所存在的不足,逐渐与河套灌区的实际排水排盐需求不相适应。明沟排水因为其形成水分降落的特点,需要达到一定的深度才能起到相应的排水排盐作用。当排水沟深度较深时,较大的边坡角度不利于边坡稳定和后期维护;而边坡角度较小则会占用大量耕地,浪费耕地资源。此外,单条排水明沟控制的耕地面积有限。若要实现有效控制土壤盐分和水分的目的,势必会增加排水沟数量,导致占地面积的增大,土地有效利用率降低。竖井排水作为河套灌区另一种应用较为广泛的排水方式,相同条件下其较明沟排水可以减少占地 2% 以上。但竖井排水需要布置配套井房和电缆,且竖井和电缆杆的布置不利于农业机械化作业。同时,经常性的竖井排水耗电量巨大,要想大面积的农田盐渍化得到控制,势必要增加排水井数量,这对于控制工程投资十分不利。事实证明,排水竖井后期维护较为烦琐,河套灌区前期布置的大部分排水竖井由于缺乏后期维护现已荒废,无法正常使用。

乌拉特灌域位于河套灌区下游农牧交错区,农田灌排现状方式主要是渠灌沟排,灌区内现有斗、农、毛渠基本可调控耕地灌溉,但田间排水工程因投入不足、年久失修等,导致灌区内部分地区田间排水沟系及建筑物配套标准低,远远跟不上现代农业的发展要求。在土地资源日益匮乏的现实情况下,防止土壤盐碱化恶化和次生盐渍化问题的发生,是该地区保护生态环境的重要课题。如何合理有效治理当地中重度盐渍土,让农牧民实现增产增收的目标,实现农业经济的可持续发展,是亟待解决的问题。

1.1.2 研究意义

河套灌区因各种自然和人为因素,灌区土壤盐碱化发育典型。土壤盐渍化是限制灌区作物产量的关键因素,由此带来的土壤退化问题极大地影响着区域水土环境健康,维持灌溉农田和土壤根系层的盐分满足作物生长是河套灌区土壤盐分调控的关键。近年来,因灌区灌溉制度不合理及田间排水工程不完善导致地下水埋深日渐变浅,且随着蒸发作用地下水中的盐分被带入土壤中。健全的田间排水措施能有效控制地下水位及改善土壤理化性质。试验区应用最普遍的排水措施为明沟排水,由于早期投入不足且部分地区田间排水沟系及建筑物配套标准较低,导致明沟排水不畅,中低产田改造进程受阻。在众多盐碱地改良措施中,暗管排水是一项有效的田间排水排盐工程技术措施,近年来在我国盐碱地区得到广泛应用。暗管排水作为改良盐渍化土较为重要的工程技术之一,遵循"盐随水来、盐随水去"的规律,通过在田间土壤中埋设透水的地下管道,由管间渗水微孔排出土体中多余水分,控制地下水埋深,同时可通过灌水淋洗等方式带走土壤中多余盐分,提高洗盐效率,实现较好的脱盐降渍效果,从而达到防治与改善土壤盐渍化的目的,为作物生长创造低盐高水的环境条件。相比传统明沟排水,暗管排水具有排水排盐效果好、易降低土壤盐分含量与调控地下水位埋深、便于机械化耕作、使用寿命长和维护方便等特点。针对河套灌区地下水位埋深浅、土壤盐碱化严重等问题,推广与示范暗管排水技术,对改善灌区农田土壤生态环境,提升农业生产力水平,实现农业持续发展至关重要。

耐盐植物改盐技术主要利用植物的生命活动使土壤积累有机质,提高土壤肥力;根系的穿插作用可改善土壤通透性、减轻土壤板结、提高水分入渗率;植物的覆盖作用可减少土壤中水分的蒸发,变蒸发为蒸腾作用,从而降低地下水位,加速盐分淋洗、延缓或防止积盐返盐;部分植物可吸收 Na^+ 或者积累盐分再通过地上部分的收获而去除。生物改盐作用既调节了土壤水盐平衡,又提高了土壤肥力,经过若干年改良可为茬作物根区提供一个良好的水、盐、肥生长环境。近些年来,以耐盐牧草为对象的盐碱地生物改良技术研究逐步兴起。乌拉特前旗位于农牧交错带,由于气候干旱及过度放牧等原因,天然草场退化严重,草畜不平衡的矛盾日益突出。当地耐盐牧草的试验种植不仅对于改善盐碱地生态环境有重要意义,同时有利于增加饲草料的有效供给并提高畜牧业和农业的收入。因此,在该地区盐碱地进行耐盐牧草的选育和种植具有一定的现实意义。

目前,关于盐碱地治理改良已有大量研究,本研究在此基础上集成乌拉特灌域现状条件下综合治理盐碱地关键技术,进一步引进新型环保化学改良剂和微生物菌剂,集成基于环保型化学改良剂及微生物菌剂的盐碱地地力提升技术。同时开展暗管排水排盐工程布置及试验设置,综合试验研究及暗管排盐动态监测成果,形成河套中重度盐碱地暗管加速排盐与地力提升技术与模式。本研究以此为切入点,以内蒙古河套灌区下游农牧交错带的盐渍化土壤为研究对象,开展上膜下秸和上膜-暗管的节水控盐条件下种植耐盐牧草的田间试验,研究多重措施改良下耐盐牧草生长与抗盐机理、土壤理化性质变化规律及其二次开发利用,推广示范耐盐植物改良盐碱地治理技术模式;综合节水控盐、环保型盐碱地治理剂、耐盐植物筛选和暗管工程装备技术,优化组合形成适用于河套灌区盐碱地治理的集成技术体系;监测与评价暗管排盐技术在盐渍化土壤实施后的改良效果,基于组合赋权法与TOPSIS 模型综合评价暗管排水排盐技术的综合效益。本研究成果为河套灌区农牧交错带盐渍土综合治理、增草兴牧及构建粮-经-草(饲)多元种植结构协调发展提供了科学依据与理论参考,对河套灌区农牧交错带的农业可持续发展具有重要的现实意义。

1.2 国内外研究进展

1.2.1 盐碱地不同改良措施研究进展

日益严重的土壤盐碱化成为突出的环境问题,土壤盐碱化是指土壤中积聚的盐分含量超过正常耕作土壤的水平导致作物生长受到伤害的自然现象。盐碱土形成的两个主要原因是自然因素和人为因素。由于不利的自然气候及地下水埋深较浅,使得可溶性盐类积聚于土壤表层,从而导致土壤理化性质变差、植物发育生长困难,加之不合理的灌溉制度和无节制开发利用,加重了土壤盐碱化进程。为了改善生态环境和实现土地资源协调的可持续利用,长期以来国内外学者针对改良盐碱地的有效措施进行了大量的实践和探索,在物理、化学、工程和生物改良措施等方面取得了丰硕的成果,大幅度提升了盐碱地的利用率,显著改善了生态环境,提高了经济效益。

1. 物理措施改良盐碱地

物理措施改良盐碱地有显著的效果,其原理主要是通过人为改变土壤物理结构来调控土壤水盐运动,从而达到提高水分入渗效率和抑制土壤蒸发的目的。淋洗排盐是国外物理改良盐碱地的最主要措施之一,其主要是利用完善的灌排系统结合深翻改土、换土、淋洗等措施,将土壤中的可溶性盐类淋洗出耕作层。Bezborodov 等(2010)发现,通过将覆盖措施和适当的灌溉水质相结合,可以调控耕作层的盐分,显著提高了农作物产量和水分生产力,同时可节约淡水资源。在干旱-半干旱地区,较大定额的微咸水灌溉将土壤盐分淋洗到深层,又在排水作用下从土层中排出,从而降低作物根区盐分。还有研究发现,覆盖措施具有减少土壤水分蒸发和抑制盐分在地表聚集的特点,因此,其是物理措施改良盐碱地的重要手段。靳亚红等(2020)通过田间试验发现,秸秆隔层和地膜覆盖综合措施减少了土壤水分散失、减弱了盐分表聚,上膜下秸耦合技术相较单一措施具有较好的蓄水控盐效果。卢闯等(2019)通过 5 年的田间定位试验研究得出,免耕地膜覆盖能够显著抑制土壤返盐、改善盐碱土壤结构、增加土壤有机碳及提高微生物多样性。研究发现,深耕深翻措施可以有效切断土壤毛细管,减弱土壤水分蒸发,有效地控制土壤返盐;粉垄技术同样可物理性"淡盐",在新疆和陕西等地的重度盐碱地经粉垄种植后,土壤全盐量显著降低,可以起到淡盐增产的作用。

2.化学措施改良盐碱地

在土壤中施用化学改良剂是一种有效改良盐碱地的方法,其作用原理是利用酸碱中和原理来改善土壤理化性质,改变土壤胶体的吸附性离子的组成,能够彻底地消除土壤中的盐分和交换性 Na^+,从而改善土壤的理化性质和土壤结构,提高盐碱土排盐降渍的能力,增加可溶性盐基代换,调节土壤酸碱度。同时,土壤改良剂见效快,实施方便,是一种理想的盐碱地改良措施。

近年来,"康地宝""禾康"等土壤盐碱改良剂开始在盐碱地区使用起来。试验表明,适宜的改良剂施用量可降低土壤 pH 值和含盐量。石膏、糠醛渣、腐殖酸及微生物菌肥成为盐碱土改良的有效手段。石膏主要通过 Ca^{2+} 置换土壤胶体吸附的 Na^+,并通过淋洗,将土壤中 Na^+ 排出耕作层,降低土壤 Na^+ 含量,其改良见效快。卢星辰等(2017)发现,轻度和中度盐碱地条件下,脱硫石膏和糠醛渣处理玉米收获后,0~20 cm 土层的水溶性 Na^+ 含量显著低于空白处理,较空白处理显著降低了土壤 Na^+ 含量 13.96%~53.55%。石膏施加腐殖酸能够有效促进土壤盐分的淋洗、降低 pH 值、改善土壤结构及提高土壤有机质,且烟气脱硫石膏和腐殖酸配施与单施腐殖酸相比,对降低土壤 pH 值、交换态 Na^+ 含量和土壤钠吸附比(SAR)效果更好。

刘瑞敏等(2017)提出,石膏对河套灌区中度盐渍化土壤具有更好的脱盐和降低碱性的效果,而抗盐碱专用肥丹路菌肥可以提高作物出苗率和保苗率,以及增产。王斌等(2014)的试验结果表明:按施用方法比较,滴施型土壤改良剂降低棉花生育期土壤盐分、pH 值以及提高棉花产量的效果均极显著优于基施型土壤改良剂;按原料组成比较,以黄腐酸等低分子量、水溶性有机酸为主要组成成分的土壤改良剂效果较优。宋沙沙等(2017)以脱硫石膏、糠醛渣和牛粪作为改良剂,配合暗沟排盐和垫层防止返盐技术发现,盐碱土壤中施用改良剂可有效降低电导率和pH 值,使植物得以健康生长,且改良剂的施用量不是一个精确数值,而是在一定的范围内,此适宜施用量范围,因种植植物的不同而有所改变,土壤 pH 值与作物产量呈负相关;盐生植物会在一段时间后失去耐盐性,通过改善根际培育技术,选择在盐碱地的 5 年生番石榴的试验结果显示,施用石膏、40 kg 微生物菌肥和2.0 kg尿素的处理获得产量最高,作物生长发育最佳。杜康瑞等(2019)以先玉335 品种的玉米为研究对象,在山西省清徐县徐沟镇的盐碱地条件下,探究新型改良剂乙酰化葡萄糖与尿素、磷肥和有机肥的不同配施组合对土壤的改良效果及对玉米生长发育的影响。

3. 施加微生物菌剂措施改良盐碱地

土壤微生物是土壤的重要组成部分,影响着土壤的肥力。微生物菌肥可利用微生物的代谢活动促使农作物得到特定的肥料效应,具有改良土壤理化性质、提高肥料效力、提高土壤中有机质含量、改善盐碱土壤作物根际微环境等优点,既可调节改善土壤盐渍化问题,又能促进盐碱地植物的生长,进而可以改良盐碱地,且因微生物菌肥改良盐碱地效果显著及成本低廉而被广泛使用。

王相平等(2020)研究指出,嗜盐碱微生物菌肥改良剂的改良效果优于无机改良剂和有机肥,且选择石膏和腐殖酸作为盐碱土壤改良剂,可有效降低土壤全盐含量和 pH 值,显著提高作物产量。Isabella 等(2001)的研究发现,VAM 真菌预先接种移植物可以缓解盐渍土对作物产量的有害影响,并强调耐盐蓝藻和石膏结合的生物修正可更好地修复盐碱土。闫素珍等(2018)在河套灌区中上游开展新型土壤改良剂配施 989 控久丰控释肥改良盐碱地的试验,结果表明,施用改良剂的小区可增强土壤透水性,土壤 pH 值降低了 0.49,土壤导电率值下降了 0.32 mS/cm,减轻了盐碱危害,且向日葵的保苗率提高 30%,增产 132%。Betancur 等(2006)针对墨西哥的前湖 Texcoco 多环芳烃污染的盐碱土壤的生物修复指出,通过添加营养物质刺激土壤微生物生长,可加速高 pH 值和盐浓度的土壤恢复。Bharti 等(2016)鉴定 PGPR(植物促生菌)和 AM 菌(丛植菌根)的潜在组合,基于在温室实验数据以及在天然存在的盐胁迫田间条件下的测试表明,合并应用 AM 菌和植物促生菌以及蚯蚓粪具有良好的相互作用。Dioumacor 等(2017)基于试验的方差分析表明,接种根瘤菌和丛枝菌根真菌(AMF)菌株可提高幼苗生长率,特别是在盐水条件下,双重接种获得了最好的性能;盐碱地的不同微生物种类的活性对揭示土壤肥力等特征具有重要意义。

微生物对盐碱地的改良有着重要作用,而盐碱地土壤微生物受到土层深度、季节、植被类型、盐碱土壤类型的影响。目前,有关微生物菌剂对土壤理化性质、作物产量品质等的影响已有大量研究,但针对盐渍化土壤的研究较少。近年来,许多学者有关微生物菌剂的施用方案的研究也多在非盐渍化土壤进行,有关盐渍土微生物菌肥的筛选研究少之又少。因此,开展筛选微生物菌剂改良盐渍化土壤的研究符合实际需求,具有积极的现实意义。

4. 工程措施改良盐碱地

灌排管理不当被广泛认为是干旱地区灌区土壤次生盐碱化发生和扩展的主要原因,因此,完善的灌排系统在盐碱地治理活动当中充当着重要的角色。工程改良措施则是契合灌与排这两大主题的改良措施,主要借助井、沟、渠等配套措施,建立竖井、修筑台田、埋设暗管等,达到灌水适当和排水及时的目的。近年来,暗管排水技术被研究发现控盐效果显著,能够有效降低地下水位,同时能防止土壤返盐,可为作物生长提供适宜的水盐环境。暗管排水技术主要是根据"盐随水来,盐随水去"的原理,当土壤中的水分达到田间最大持水量时,土壤水从暗管壁的渗水微孔渗入暗管中,溶解在水中的盐分随水排出土体,从而降低土壤盐含量,达到治理盐碱地的目的。经过多年发展,以及我国暗管铺设设备的研发和关键部件国产化,暗管铺设效率大大提高,且降低了应用成本,如今被山东、山西、宁夏、江苏等省份广泛用于改良盐碱地。刘玉国等(2014)的研究表明,暗管排水措施使 $0\sim20$ cm 土层的土壤盐分含量降低幅度最大,土壤表层盐分类型由表聚型逐渐转变为脱盐型,中度和轻度盐渍化土壤脱盐率分别能够达到 90.9% 和 50.9%,不仅能降低土壤盐分含量,还能提高水分利用效率。王秋菊等(2017)在草甸沼泽土上设置暗管,试验结果表明,暗管工程可以改善土壤的透水性,距离暗管越近,土壤排水效果越好。暗管排水措施能够显著加强土壤盐离子的淋洗,减少土壤中盐分的累积,Na^+、SO_4^{2-} 和 Cl^- 含量降幅较大,但不同研究区域、不同程度土壤盐渍化暗管淋洗离子量区别较大。暗管排水排盐技术还可以降低土壤容重、提高土壤孔隙度和增强土壤微生物活性,有利于作物根系向下深扎,促进作物吸收深层土壤养分。但是,周利颖等(2021)的研究发现,暗管排水过程中造成土壤养分大量流失,且随着各排水管间距的减小而增大,以暗管间距 10 m 的处理造成土壤养分流失最严重。曾文治等(2012)同样得出,土壤中氮素的损失量随暗管埋深的增加而增大,随暗管间距的增加而减小。耿其明等(2019)将明沟排水与暗管排水进行对比,发现暗管排水技术实施后的速效钾、速效磷、碱解氮以及有机质含量较低,对土壤养分的开发效果会产生很大的影响。

5. 生物措施改良盐碱地

经过几十年的研究发展,生物措施改良修复盐渍土壤取得了丰硕成果,生物措施在改善生态环境的同时,可以增加经济效益,是切实可行的盐碱地改良方法。生物措施改良盐碱地的可行性通过以下三点被证明,首先,植被覆盖地表,大大地减少了地面蒸发,减少了盐分表聚,从而抑制了土壤返盐频繁发生;其次,由于植物庞大致密的根系对土壤的穿插和挤压作用,改善了土壤的密度、渗透性、持水性等物理性质;最后,植物收获后能带走相当一部分盐分。李昂等(2018)研究发现,当耕地被植被覆盖时,表层土壤的盐含量显著低于裸地,而表层土壤的含水率与植被覆盖度呈正相关关系,均显著高于裸地。张永宏(2005)在宁夏银北盐碱地上种植耐盐植物红豆草、苜蓿、聚合草、小冠花和苇状羊茅的研究结果表明,种植耐盐植物具有明显的脱盐作用,可使盐碱地 0～20 cm 和 0～100 cm 土层土壤平均脱盐率分别达 31.1% 和 19.1%;植物根系作用可以显著改善土壤的密度、渗透性和持水性,提升土壤肥力。Ashutosh 等(2003)在印度苏丹布尔区通过 3～9 年种植细叶桉改良盐碱土的研究结果表明,盐碱土的物理化学性质都有很大程度的改善,土壤的密度下降、土壤的孔隙度和保水能力增加,同时土壤 pH 值、导电率及交换性 Na^+ 的百分比都下降,土壤中有机碳、全氮和速效磷增加明显。张立宾(2005)的研究指出,在滨海盐渍土种植田菁、中亚滨藜、星星草等盐生植物后,土壤的物理性状有所改善,土壤容重降低,孔隙度提高,pH 值也略有下降。王立艳等(2014)研究发现,种植耐盐植物对于改善土壤肥力有显著作用,土壤有机质、速效氮、速效磷和速效钾含量与裸地相比均有不同程度的提高,其中速效氮含量最大提高 22.2%。

6. 耐盐碱植物改良措施

耐盐碱植物的改良原理主要利用植物的生命活动使土壤积累有机质,改善土壤结构,降低地下水位,减少土壤中水分的蒸发,变蒸发为蒸腾,从而加速盐分淋洗,延缓或防止积盐返盐。研究发现,棉花间作盐生植物(碱蓬和盐角草)可显著提高土壤脱盐率,是一种行之有效的绿色改良盐碱地的措施,一定程度上可抑制 0～100 cm 土层钠离子和氯离子的聚集,同时增加棉花产量和提高其水分利用效率,且碱蓬对抑制盐离子累积的效果最好,可增加土壤有机质含量,提高土壤中氮、磷、钾的含量,是一种耐盐能力很强的盐生植物,对盐碱土具有显著的改良作用。张旭龙等(2017)通过盆栽试验发现,种植新葵 6 号对降低盐碱地根际土壤 pH 值、提高土壤全氮含量和蔗糖酶活性的效果最为显著,新葵 4 号对提高根际土壤碱解氮、速效磷、速效钾含量以及脲酶和磷酸酶活性的效果最为显著。Ghaly (2002)研究了为期 2 年的芦苇和铺地黍对埃及北部重质黏土质土壤盐分和碱度的淋溶和石膏添加效果的影响,结果显示芦苇和铺地黍比淋溶或添加石膏更加有效降低了上表层的盐度和碱度,并产生了高的新鲜产量。Ravindran 等(2007)研究聚盐耐盐草本植物并评估其生物聚盐的可行性,发现碱蓬和海马齿组织中有更多的盐积累,土壤中盐含量减少。国内外已有大量试验研究发现,耐盐植物不仅可以改良盐碱土,还具有一定的经济效益。综上所述,耐盐植物改良盐碱地或间作盐生植物改良盐碱地已取得了有效的效果,但适用于河套灌区的耐盐植物有待于进一步筛选,其经济价值有待于进一步开发,可对耐盐生植物进行二次开发利用。

翁森红等（2005）通过对盐碱地区主要耐盐植物种质资源中的钾离子、钠离子、钙离子、镁离子、氯离子、总氨基酸、蛋白质、脂肪、总能和灰分含量的测试，得出耐盐植物的多种利用价值。耐盐植物中植物体吸收 NaCl 能力最强的是盐地碱蓬，盐地碱蓬叶片内的氯离子和钠离子含量最高，可以用作改良裸地的先锋植物，具有很好的生态效应。蔬菜中蛋白质含量通常为 1%～4%，曾被认为是低蛋白食品。而实际上人们日常膳食中每日摄取的蔬菜数量是比较大的，为人体提供的蛋白质约为实际膳食需要量的 8%～10%。碱蓬蛋白资源被认为是一种具有巨大潜力的膳食蛋白质来源。赵海林等（2010）通过实验得出，盐地碱蓬的蛋白质含量为2.3%，作为植物性蛋白质，有很大的开发潜力，且碱蓬的类胡萝卜素、维生素等含量相对比较丰富，可作为保健品来食用。

盐碱地改良是一个漫长且复杂的过程，涉及多方面的因素，单独的改良措施对其改良效果有限。因此，需要结合当地实际，对研究区域的盐碱地形成原因及变化规律进行综合调查分析，以便于统筹规划，采取多种改良措施，因地制宜地对盐碱地进行综合治理，以实现其可持续利用。研究表明，生物措施与水利措施相结合的模式可实现内陆干旱区灌溉农业可持续发展，种植草木樨与施用脱硫石膏的综合改良措施可显著提高土壤有机质和碱解氮含量，加速盐渍土改良培肥。马博思（2021）研究了秸秆覆盖条件下改良剂施用的最优模式，以土壤水、盐及养分的构成要素作为评价指标进行综合效应评价，结果显示秸秆覆盖条件下最优改良剂为草炭，施用量为 25 g/kg。田冬等（2018）在滨海重度盐碱地开展了水利工程排盐和复合化学改良剂改土效果研究，试验结果表明复合化学改良剂与台田浅池水利排盐工程结合的综合改良措施对盐碱地土壤结构改善、脱盐改土、土壤培肥和植物生长效果最优。侯毛毛等（2019）发现，与暗管排水和无机肥组合处理相比，暗管排水和微生物有机肥施用下更能抑制土壤耕层总氮流失，且对土壤容重和孔隙度的改善效果更佳。张忠婷（2020）研究了施用改良剂与种植苜蓿在北方荒漠化盐碱地区的应用效果，发现施用过土壤改良剂的苜蓿处理土壤的水溶性盐总量和土壤 pH 值明显比未改良过的小区低，土壤有机质、全氮和速效养分也显著性地积累。

综上，单独利用生物措施改良盐碱地效率较低，工程措施在排盐的同时，土壤养分也有部分流失。植物的生命活动可提高土壤肥力、改善土壤通透性及提高水分入渗率，暗管排盐等工程措施可加速土壤盐分淋洗，将工程措施和生物措施联合应用于盐碱地改良，对加速改良农牧交错区盐碱地及改善土壤理化性质具有重要的现实意义。因此，本研究将改良剂与微生物菌剂结合，并辅助工程措施，联合开展盐碱地改良试验，提出河套灌区盐碱地综合改良的关键技术模式。

1.2.2 盐碱地改良措施对土壤-植物系统的影响

1.盐碱地改良措施对植物生长的影响

不同盐碱地改良措施对植物生长产生不同的影响,物理改良措施对不同植物生长有显著影响。乔海龙等(2006b)通过土柱实验研究表明,秸秆深层＋表层覆盖处理因降低了土壤盐分表聚,从而保证了冬小麦的正常生长,提高了冬小麦产量。王婧等(2012)发现,地膜覆盖结合秸秆深埋措施可抑制深层土壤返盐,淡化根层,提高了油葵产量。张万锋等(2020)发现,与传统耕作模式相比,深翻结合秸秆深埋模式可显著提高夏玉米深层根长密度、产量及水分利用效率,可使夏玉米增产19.5%。蔺亚莉等(2016)针对内蒙古河套平原碱化盐土土质黏重、作物难以正常生长、产量低下等问题,进行了土壤掺砂改良试验,结果表明掺砂可改变土壤机械组成和土壤质地,有效改善玉米生长环境,其中掺砂20%的处理玉米产量提高最多,提高了301%。杜社妮等(2014)通过试验发现,地膜覆盖种植油葵时,沙封种植孔较传统土封种植孔缩短了油葵的出苗天数,极显著提高了油葵的出苗率和存活率,促进了幼苗生长,增产了62%。

暗管排水排盐措施可降低土壤盐分,为作物提供良好的生长环境,促进植物生长发育,显著提高作物产量。安丰华(2012)研究发现,暗管排水改善了土壤的结构性,同时增加了土壤的孔隙度,使得土壤pH值降低,为水稻发育创造了良好的土壤环境,促进了水稻的生长。有研究发现,与滴灌配套的浅层暗管排水降盐技术可有效治理盐碱土壤,轻度和中度盐渍化棉田增产幅度分别为25.3%和55%。逄焕成等(2011)研究发现,微生物菌剂处理后,0~20 cm土层的脱盐率提高了9.04%,随着盐胁迫的增加,不同苜蓿品种生物量呈下降趋势,因此,盐胁迫下微生物菌剂对于增加苜蓿生物量具有良好的调控效果。韩敏(2017)同样以苜蓿为供试植物,通过试验发现,施用微生物菌剂改良剂后,苜蓿出苗率和株高均有不同程度的增加,其中生物改良剂对苜蓿的生物量增产效果最佳,较对照处理增产了47.90%。邵华伟等(2018)研究发现,肽能氮和生物有机菌肥两种化学改良剂因同时降低了土壤钠吸附比和碱化度,可显著提高甜菜的产量。土壤改良剂聚马来酸酐对重度盐碱地改良效果显著,杨树株高生长速度和基茎生长速度分别是对照生长速度的2.4倍和2.4倍。

目前,改良盐碱地措施仅针对单一植物进行试验的研究较多,但盐碱地改良应综合考虑土壤特性和植物适应性,因地制宜,选择不同植物品种。同时,现有工程措施下植物生长的研究集中在水稻、油葵、玉米等作物,关于工程措施下耐盐牧草生长的研究相对较少。本研究对合理利用盐渍化耕地种植饲草,进行暗管排水改良措施下不同耐盐牧草的生长状况进行研究,研究成果将对增加农牧交错区畜牧业、农业经济收入及耐盐牧草的选育和种植奠定基础。

2.盐碱地改良措施对植物-土壤间盐分运移的影响

土壤盐渍化对植物的伤害作用主要是盐离子原始的毒害作用和盐离子导致的渗透胁迫次生作用。盐化土壤主要盐分毒害离子有 Na^+、Cl^- 和 SO_4^{2-},盐胁迫使土壤水势降低从而导致渗透胁迫,引发 K^+、Ca^{2+}、NO_3^- 等离子含量失去平衡。上述多种离子共同对植物产生毒害作用,导致植物细胞正常生理代谢功能受阻,减产甚至死亡。植物耐盐的关键性因素不是渗透调节,而是通过调控离子的吸收与运输来抵御盐分离子在植物体内的积累,重建细胞内离子平衡,因此,明晰植物离子的选择性吸收和运输至关重要。

盐胁迫下,植物细胞质维持正常的 K^+/Na^+ 比值是其正常生长发育的重要条件,不同植物 K^+ 和 Na^+ 的吸收、运输与分配机制不同,表现出截然不同的特点。研究发现,高浓度 NaCl 环境严重抑制高羊茅幼苗的生长,且对地上部分的抑制作用大于根部,同时使高羊茅体内积累 Na^+,导致 K^+、Ca^{2+} 等营养元素的缺乏。赵昕等(2007)研究了两种盐生植物在 NaCl 胁迫下植株地上和地下部分 K^+ 和 Na^+ 的区域化分布及其吸收作用,结果表明盐芥吸收的 Na^+ 向地上部分运输选择性较拟南芥低,即可有效降低植物体地上部分的 Na^+ 浓度,提高 K^+/Na^+ 比值,缓解 Na^+ 对植物的伤害。因此,植物的 K^+/Na^+ 比值较高,其耐盐能力相对较强。

耐盐植物改良盐碱地的主要原因之一是茎叶可以吸收土壤盐分在体内累积,而后通过收割将盐分带离或转移,达到改良盐碱地的目的。王学全等(2006)在内蒙古河套灌区研究了耐盐植物吸收的盐分含量,成熟春小麦含盐量为 435 kg/hm²、葵花为 317 kg/hm²、玉米为 534 kg/hm²,苜蓿的含盐量最高,为 870 kg/hm²。还有研究得出紫花苜蓿和滨藜的盐分带出量分别为 178 kg/hm² 和 500 kg/hm²。刘雅辉等(2017)发现,成熟期高丹草总盐分积累量较大,但其主要积累离子为 K^+,并不是盐分毒害离子,因此不能真正起到降盐的作用;盐地碱蓬总盐分积累量低于高丹草,但对 Na^+ 和 Cl^- 积累比例显著高于高丹草,因此,他们提出评价植物改良盐碱地效果的标准可按成熟期各植物对盐分胁迫离子的积累量与总盐分离子积累量的比例高低进行评价。

综上所述,目前已有研究主要集中在盐渍土理化性质对单一或者综合改良措施的反馈效应,对在工程措施和生物改良措施下土壤理化性质及植物盐分离子分布的研究较少。本研究将耐盐植物既当作改良措施,又当作指示植物,在工程措施排盐的同时对盐碱地进行生物修复。

1.2.3 节水控盐技术研究进展

1.上膜节水技术

广义讲,节水灌溉是根据作物需水规律及气候自然条件,最大程度提高降水和灌溉水利用率,获取较高的经济效益、社会效益、生态环境效益等而采取的多种高效用水的灌溉方法、技术措施和制度的总称。通常来说,农业节水灌溉技术可以归纳为三种:工程节水、农艺节水和生物节水技术。农艺节水技术,主要是通过具体的耕作措施来调控田地的水分,提高农田的生产结构和水的利用效率。其中,主要包括调整农作物的种植结构、实施粮草轮作制度、采取少耕免耕方法、推广秸秆或地膜覆盖技术、增加使用有机肥、采用水肥耦合技术、发展化学药剂或保水剂的应用技术等。

覆膜是一种农艺节水技术,其节水增产效果显著,不仅可以减少蒸发和深层渗漏损失,提高土壤温度,同时还可以抑制杂草,有效控制土壤返盐。20世纪60年代,日本最早开始进行水稻覆膜栽培技术研究。20世纪70年代至80年代初,我国东北等地引进该技术,并开展了相关研究。20世纪80年代末至90年代末,我国北方持续干旱与南方季节性缺水日趋严重,覆膜栽培水稻的应用范围逐渐扩大,与传统淹水水稻相比,平均每亩增产100 kg左右。20世纪末,该技术进一步向形式多样化发展,在不同气候条件和不同地貌类型区都获得了不同程度的发展、推广和应用。

李尚中等(2014)研究表明,不论在干旱、平水、丰水年份,还是冰雹灾害年份,全膜双垄沟播产量和水分利用效率较高。6年的全膜双垄沟播试验数据表明,其平均产量和水分利用效率显著高于半膜双垄沟播、膜际和露地,比对照分别提高了57.8%和61.6%。杨长刚等(2015)通过不同覆膜方式的试验得出,全膜穴播可使冬小麦水分利用效率提高22.1%～24.0%;全膜覆土穴播可使水分利用效率提高8.8%～14.6%;垄膜沟播可使水分利用效率提高4.2%～4.4%。李巧珍等(2010)利用覆膜集雨提升上层土壤水分,降低深层土壤水分,研究得出:1.6 m土层耗水量较对照增加3.68%～12.23%,且对深层水的利用是对照的1.55～1.69倍,小麦抗旱能力增强,增产63%～95%;1 m土层水分生产效率提高55.8%～73.8%。覆膜可有效抑制土壤盐分积累,为作物根系创造适宜的生长环境。研究表明,地膜覆盖时间为85～100 d时,与全生育期覆膜在不同土壤深度中含盐量无差异,覆膜用于盐碱地紫花苜蓿的种植时,显著增加紫花苜蓿产量,且盐浓度为0.5%时,地膜覆盖产量大于盐浓度为0.3%时地膜未覆盖产量。而且,地膜覆盖的油葵主根层土壤积盐率普遍降低1.6%～4.4%。

2.下秸控盐技术

我国是农业大国,每年农作物秸秆产量达数亿吨,而大量的秸秆燃烧,造成了巨大资源浪费与环境污染。秸秆集中深埋可以使土壤有效长期储存秸秆有机物、提高作物产量,避免秸秆燃烧造成的污染和浪费。且秸秆深埋可提高深层土壤含水率,阻隔盐分上行,防止根层盐化,活化土壤养分。赵永敢等(2013)研究表明,上膜下秸处理能显著增强耕层(0~40 cm)土壤蓄水能力并可持续保墒,播种时其耕层土壤含水率分别较翻耕、地膜覆盖和秸秆深埋处理高 5.13%、3.49%和 1.99%。上膜下秸处理可显著降低单位土体积盐量,淡化耕层作用尤为明显。上膜下秸措施改变了土壤结构,集地表覆盖、秸秆隔层、深耕深松措施为一体,有效地综合了秸秆深埋措施的蓄水控盐作用和地膜覆盖措施的保墒抑盐作用,可调控、优化土壤水盐分布。李芙荣等(2013)通过田间微区试验,结果表明,在土壤剖面分布上,秸秆表层覆盖和深埋处理均能有效增加土壤水分含量。其中,双层秸秆深埋处理(40 cm+100 cm)在土壤保墒和抑制盐分方面的作用最为显著,对提高该区土壤水分利用效率及土壤盐渍障碍消减具有积极效果。霍龙等(2015)通过研究得出,上盖地膜下埋秸秆处理 0~40 cm 土壤含水量在所有处理中均为最低值,但其在控盐和增加有机质上明显优于翻耕、翻耕结合地膜覆盖和秸秆深埋处理。乔海龙等(2006a)通过在土表下 20 cm 处铺设 3 cm 厚秸秆隔层的土柱试验得出,秸秆层隔断了土壤的毛细管,使秸秆层以下土壤水很难通过土壤毛细管作用而向地表运移并蒸发,对深层土壤的蓄水保墒有积极的作用。秸秆隔层与覆膜相结合的耕作方式保水、抑制盐分效果较好,可作为盐渍化灌区春秋季节强烈返盐问题的治理方法。因此,上膜下秸可作为治理盐碱地的优选耕作措施进行推广示范与应用。

3.暗管排水控盐技术

灌溉农业的生产力正受到盐碱渍涝灾害的严重影响,起因主要在于灌溉用水量递增而用水效率迟迟不能提高、自然排水条件不畅、人工排涝设施成本较大等。长期以来,我国在农田排水方面采用的是明沟排水系统,但其在实践中普遍存在边坡坍塌和沟底淤积等问题,尤其在盐渍化农田更为严重,不能保证其排水顺畅的作用。农田地下排水在我国推广应用时间不长。20 世纪 70 年代,南方部分省份对地下排灌工程进行了试点,北方地区于 20 世纪 80 年代在局部地区使用暗管排水,改良内陆盐碱地和沼泽地,取得了一定的效果。国内外暗管排水越来越普及,并逐步由地面排灌转向地下排灌,用塑料管道代替其他管道,由人力施工发展到机械化施工,大大提高了效率并保证了施工质量。近年来全国各地更有新的发展,无论在管材、配套管件、装配粘连上都已标准化。因此,改善和增强灌溉土地的排水条件和设施,引进和推广暗管排水技术,对灌溉农业的持续发展,改善土壤的生态环境,调节土壤的水、肥、气、热状况,节约用水,有着重要现实意义。

暗管排水排盐技术具有悠久的发展历史。公元前2世纪,古罗马人就利用排水管道对低洼地区进行排盐。有文字记载,我国唐代用瓦片拼合成的瓦管进行排水,效果比较好。暗管排水排盐技术在国外的研究始于19世纪初期,其被英国和美国等发达国家广泛应用,在美国和英国的暗管排水排盐耕地面积分别占其排水总面积的16%和77%。另外,荷兰是最早应用暗管排水排盐技术治理土壤盐渍化的国家。20世纪50年代,芬兰南部80%的盐碱地通过暗管排水技术控制地下水位和改良土壤盐渍化。埃及地处干旱地区,农业发展均需要进行灌溉,其从1922年开始对暗管排水技术进行研究,到1980年已建成暗管排水84万公顷,截至目前,埃及已经全面实行暗管排水。除上述国家外,日本、巴基斯坦和土耳其等国家均利用暗管排水技术进行排水排盐,实现防治和改良土壤盐渍化的目的。20世纪60年代,江苏省昆山市将暗管排水应用于农田排水并获得成功,为我国早期暗管排水研究奠定了基础。早期暗管主要使用泥土管、瓦管和芦苇秸秆等作为排水通道,但上述材料均存在运行期间容易淤积导致排水管道堵塞的问题,使其失去排水功能,同时还存在施工成本较高的问题。杨金楼等(1981)于1978年在上海利用塑料暗管对盐碱地进行改良,取得了良好的改良增产效果。我国暗管排水技术发展过程分为3个阶段:初步探索阶段,即以暗管管材和外包滤料的研究为主;渐进发展阶段,即暗管管材和外包滤料技术趋于成熟,研究重点转向暗管排水技术的应用;蓬勃发展阶段,由于暗管施工大型机械的国产化研制和管材等原材料成本的降低,促进暗管排水技术的迅速发展。目前,我国的暗管排水技术仍然主要应用于土壤排水排盐。但暗管排水技术的施工方式已由早期的人工施工发展为开沟、铺管和回填机械一体化作业,极大地提高了施工效率,同时降低了施工成本。已有部分学者利用 RZWQM2、DRAINMOD 和 HYDRUS 等模型模拟不同条件下暗管排水排盐的情况,筛选出不同工况下适宜的暗管布置参数。随着科技不断发展,暗管管材质量不断提高的同时,还具有了成本低、使用寿命长和便于运输等优点。

综上所述,国内外学者针对上膜、下秸、暗管排水排盐的节水控盐技术深入开展了大量的研究,覆膜可减少土壤潜水蒸发,提高水分利用效率;下铺秸秆可抑制深层土壤返盐,淡化作物根系层,上膜下秸的模式可更好地实现节水抑盐效果。但关于不同节水控盐措施耦合下种植耐盐植物改良盐碱地或间作盐生植物改良效果影响的研究较少,且对适用于河套灌区的耐盐植物的抗盐机理鲜见报道。因此,综合上膜下秸、上膜+暗管两种节水控盐技术在河套地区开展节水控盐技术下耐盐植物抗盐机理及其二次开发利用的研究,对该地区的盐碱化治理和农业可持续发展具有重要的现实意义。

1.2.4 暗管排水排盐措施土壤水盐运移研究

国外暗管排水排盐技术应用较早,荷兰最早应用暗管技术并成功地治理了盐碱地,之后该技术在西方国家得到迅速推广。在欧洲的多个国家,超过总排水面积的 70% 为暗管排水。过去的几十年里,立陶宛有 260 万公顷以上的盐碱耕地,成功地利用暗管排水改良技术,取得了良好的改良效果。Evan 等(2001)发现暗管铺设间距越小,排水的水质越好,越有利于保护农田生态环境;但随着其埋深的变小,土壤中盐分的淋洗效果变差,远低于土体排盐要求。Idris 等(2009)指出,在土耳其,暗管间距 60 m 埋深 150 cm 时,土壤表层含盐量较之前降低了 80%,但在冬季,淋洗土壤盐分效果较差。

邓刚(2010)利用渗流槽模拟和试验土柱的结果表明,在满足降渍要求的前提下,利用合理的埋深和间距组合及适宜的外包料能有效地控制土壤渗流中氮的流失。经过 3 次灌水淋洗试验后,0~80 cm 土层土壤脱盐率超过 80%,0~40 cm 土层内土壤含盐量小于 2 g/kg,达到了非盐化土壤的水平。排水暗管将土壤中过剩的水分从吸水管壁上的滤水微孔或吸水管的接头处渗入暗管中,在改善土壤水分状况的同时,水中含有的盐分也随之外排,改善了土壤含水率和含盐量等性质,因此土壤中的盐分可以有效地减少。张亚年等(2011)的暗管排水土壤排盐模拟试验研究结果表明,暗管排水条件下土壤渗透率有一定程度的提高,水流排出迅速,地下水埋深变大,土壤水溶盐较好地排出,说明利用暗管排水技术改造盐碱地是可行且高效的。周明耀等(2000)对滨海盐碱土地区稻田暗管排水效果进行了试验研究,试验区第二年平均全盐含量从 4‰ 下降到 0.8‰,第三年下降到 0.5‰,实现了 3 年将中盐土改良为轻盐土的目标。姚中英等(2005)用明沟排水作为干旱区暗管排水的对照进行研究,结果发现:不设暗管的稻田,土壤平均盐分含量从 1.07% 降低至 0.72%,种稻脱盐率在 32% 左右;布设暗管的区域,土壤平均盐分含量从 0.9% 左右降至 0.47%,脱盐率超过 48%,约为明沟排水的 1.5 倍。埋设排水暗管的地区土壤盐分含量在油葵生育期内从 0.88 g/kg 降到 0.76 g/kg,减少了 13.64%,而空白对照区由 1.05 g/kg 增加到了 1.12 g/kg,提高了 6.67%;完整的观测期内埋设排水暗管的地区土壤盐分从 0.95 g/kg 变为 0.80 g/kg,降低了 15.79%;空白对照区的土壤盐分含量从 1.02 g/kg 变为 1.00 g/kg,下降了 1.96%,说明暗管排水显著降低了土壤中的盐分含量。研究发现,暗管排水排盐技术有效地排除了土壤盐分的垂直下移,硫酸盐和氯化物在土壤中的排盐效果十分显著,且这种排盐分布有全剖面性,适合在常年淹水较多低洼地区推广。暗管排水改良盐碱地70多年后,土壤总的盐分含量从5.3%左右变为0.7%以下,不同盐分离子含量都大幅度减小,改良后土壤无盐碱化,说明暗管排水措施对改良该地区农场盐碱土土壤物化性质和脱盐效果明显。陈阳等(2014)的研究表明:在10~20 m暗管间距下,0~20 cm土层土壤盐分降低幅度超过了56%,0~80 cm土层土壤盐分降低幅度不低于19%,较对照组显著提高。排水暗管的埋设间距显著影响了滨海盐碱地土壤淋洗脱盐效果,且暗管间距越大,土壤淋洗后各点土壤含盐量差异越大,土壤脱盐率差异越大。田玉福等(2013)的研究表明,暗管密布(5 m)处理能降低表层土壤pH值、土壤电导率和钠离子吸附比,暗管间距小于20 m处理对土壤全盐量改善作用显著,且暗管各处理均能降低土壤的总碱度,改善土壤性质。滴灌条件下,暗管埋深越小,土壤脱盐效果越优,总体上盐分减少了14 g/kg以上,相比空白对照区降低了13 g/kg左右。

暗管埋深和埋设间距对土壤排水脱盐效果的影响差异显著。随着暗管间距的增加,土壤排盐效率有所下降;随着暗管埋深的变大,排盐效率先提高后降低;暗管间距10 m埋深90 cm时,排盐效果最佳。暗管排水排盐措施结合地面灌水技术,对减少土壤耕层盐分有显著的效果,故根据实际情况可减少灌水量或增加暗管埋设的间距。研究者发现:暗管埋设后,中层土壤含盐量显著降低,暗管的间距越窄埋深越浅,平均排水效率逐渐提高,排水的矿化度慢慢增大,土壤脱盐效果越好,改土效果越好。总之,暗管排水技术是众多盐碱地改良措施中,一项寿命长、无污染、排盐效果良好的技术措施。

1.2.5 暗管排水对调控地下水及作物产量的影响

暗管排盐排水技术是当前世界上比较先进的盐碱化治理技术之一,该技术的主要方法是在地下水位以下埋设不同间距和管径的塑料暗管,把土壤中过多的水和盐排放到吸水管,然后排出土壤,使地下水位不断下降,且通过与之配套的灌溉及其他淋洗措施去除土壤中过多的水盐,为作物创造良好的生长发育条件。国内外学者研究表明,暗管排水技术能够有效控制田间地下水埋深、防治土壤涝渍灾害、使土壤中盐分含量降低、显著增加作物产量。

20世纪80年代,通过在尼罗河三角洲使用暗管排水技术,经过9年的试验研究发现,暗管埋设深度在120 cm至140 cm之间时,除了可以将地下水位埋深控制在满足作物生长需要的深度,还可以满足相应的排水要求;土壤盐分含量在埋设暗管后明显降低,作物产量得到了大幅度的提高。我国农业发生于新石器时代,与排水工程相比,早期的农业生产更注重于灌溉工程。据资料显示,我国农田排水面积仅次于美国,位居世界第二,明沟排水是我国应用范围最广泛的排水方式,但随着时间的推移,明沟排水出现了易坍塌、不能充分发挥田间排水作用等诸多问题。20世纪50年代末,我国开始进行暗管排水试验,各地暗管排水试验和实践表明,该项技术增产效益十分显著。周福国等(1985)的研究结果显示,暗管排水地段较无排水地段,地下水埋深显著增大,地下水矿化度也逐渐趋于淡化。范业宽等(1989)通过田湖大垸四年的试验证明,暗管排水能降低田间地下水位,有效地改善了土壤环境,加速了土壤养分的有效利用,对治理土壤污染,提高作物产量起到了重要作用。许瑛(1995)通过利用当地采石场废弃石屑开发经济有效的暗管材料,应用暗管排水技术治理稻田渍害,排水改良后,土壤结构好转,耕层变浅,一季变二季,而且可进行水旱轮作。进入21世纪后,从南方受渍害影响的种稻地区到北方干旱半干旱的盐碱地,我国的暗管排水技术逐步得到了推广应用。在内陆干旱重盐碱地区,暗管排水与明沟排水相比,田间排水量提高了40%以上,土壤脱盐率提高了50%,提高土地利用率7.3%,在该地区实施暗管排水技术,不仅技术可行,且经济合理。相同条件下暗管排水设施的降渍脱盐效果明显,作物产量增加幅度显著,其中尤以塑料暗管的降渍脱盐效果最为明显,比明沟排水增产30.1%,故在长江下游滨海地区推广塑料暗管排水技术是可行且必要的。暗管铺设后地下水水位得到了有效地控制,降雨淋洗土壤盐分和调控地下水位抑制土壤返盐的能力得到了增强,该技术适用于潜水埋深较浅的河北滨海盐碱区。新疆滴灌技术配合暗管排水排盐措施能够有效地治理农田土壤盐碱化,使作物产量增加,为开发利用盐碱土地区提供了依据。

1.2.6 DRAINMOD 模型在暗管排水规划设计中的应用

土壤盐碱化的加剧使得土壤水分盐分运移成为全世界研究的热点问题。专家和学者们在土壤水盐运移规律的研究方面已经取得了较为丰富的成果,其中数值模拟方法是了解、预测和分析土壤水盐动态变化规律最主要的手段之一。在田间试验的基础上,利用合适的模型进行模拟,对比分析实测结果和模型模拟结果,得出适宜的暗管埋设参数,不仅可以节省工作时间,而且能够得到更加精准的结果。目前,国内外开发和应用较为广泛的水盐模型主要有 HYDRUS、SWAP、SALTMOD 和 DRAINMOD 等。与 DRAINMOD 模型相比,HYDRUS 模型主要用于模拟土壤中水盐运移等动态变化,有专家认为该模型在物料守恒方面存在一定误差,需要进一步验证;SWAP 模型主要用于田间尺度下 SPAC 系统水盐及能量运移、蒸腾蒸发、作物生长的模拟,较为复杂,不适合田间尺度排水研究;SALTMOD模型需要模拟较长序列的数据资料,得出的结果才能更接近实际情况。

DRAINMOD 模型是美国 Skaggs 博士在 20 世纪 70 年代建立的一个基于简单的水、盐总量平衡的田间水文模型。该模型以对输入的参数要求较低、操作简

单,且预测精准等特点而受到专家学者们的青睐。温季等（2008）通过
DRAINMOD 模型模拟了作物产量在不同排水暗管间距下的变化,结果表明,冬小
麦的作物产量受不同排水暗管间距的影响不大;而棉花产量在暗管间距 40 m 以
下时变化较小,超过 40 m 后产量随间距增加迅速减小。DRAINMOD 模型对暗管
排水区的排水量进行模拟,模拟结果认为排水量、田间氨态氮流失量和硝态氨流失
量随着暗管埋设间距的增加而逐渐下降。同时,不同的棉田暗管布置参数下,
DRAINMOD 模型均能较好地模拟田间排水氮素流失的规律。张展羽等（2012）模
拟了地下水埋深在不同的排水暗管铺设方案下的响应规律,结果显示,
DRAINMOD 模型模拟的数据与实测数据吻合程度较好,能用来模拟预测盐碱地
土壤盐分分布特征和地下水水位变化特征。陈诚等（2018）采用 DRAINMOD 模
型,对降低 95% 污渍保证率的暗管排水管网布置方案进行了模拟,得出了间距
15~20 m,埋深 1.2~1.5 m 是研究区经济可行的排水暗管系统布设方案的结论。
同时,借助排水模型 DRAINMOD 对轮作稻麦农田的排水暗管布置方式进行研
究,得到了暗管埋深 0.8~1.0 m 下分别满足大型、小型机械不同作业保证率的暗
管埋设间距,为地区满足机械收割要求的暗管排水系统参数提供了参考标准。

　　综上,DRAINMOD 模型能以相对较少的数据对不同暗管埋设参数下田间水
文、作物产量等进行模拟。因此,本研究选择该模型对研究区不同暗管排水埋设参
数下地下水埋深变化的特征进行研究,旨在得到适合河套灌区下游盐碱地的排水
暗管埋设参数。

1.2.7　基于暗管加速排盐的地力提升技术研究

　　"盐随水来,盐随水去"。在改良盐碱地的各种方法中,最关键的一步就是排
水。实践证明,只有配套完整的排水设施,其他的调控措施才能发挥作用,才能有
效达到改良盐碱地的效果。暗管排水将土壤中多余的水分从暗管管壁滤水微孔或
暗管的接头处渗入暗管中,在调节土壤水分的同时,水中夹带的盐分也随之排出,
改善了土壤含水率和含盐量,有效地降低了土壤含盐量。暗管排水处理增大了土
壤渗透性,水流排出较快,水位下降快,土壤可溶盐分易排出,相同条件下暗管排水
设施的降渍脱盐效果明显,作物产量增加幅度显著,比明沟排水增产 30.1%。经
暗管排水冲洗改良后,土壤盐分明显减少,从土壤全剖面脱盐效果来看,经一次灌
溉（106 米³/亩）和排水（68 米³/亩）后,脱盐浅的土层可达到 40~60 cm,深的达
1 m。何继涛（2015）的研究表明,采用暗管排水措施对土壤盐分垂直下移排除有
一定作用,土壤中的硫酸盐及氯化物的排盐效果明显。经过 70 多年的暗管排盐改
良后,土壤总含盐量由 5.26% 降低到 0.64% 以下,各离子成分含量均大幅度降低,

土壤成为非盐碱化土,暗管排盐技术对改良吉国实验农场盐碱地土壤理化特性和洗盐的效果明显。排水暗管间距对滨海盐土淋洗脱盐效果明显,暗管间距越大,土壤淋洗后各点土壤含盐量差异越大,土壤脱盐率差异越大。暗管密布(5 m)处理可降低表层土壤 pH 值、土壤电导率和钠离子吸附比,暗管间距小于 20 m 处理对土壤全盐量改善作用显著,且暗管各处理均能降低土壤的总碱度,改善土壤性质。研究发现,暗管埋深越浅,间距越窄,排出水的水质越好,对农田生态环境越有利,但是暗管埋深越浅,对土壤中盐分的淋洗作用越小,达不到土体排盐要求。在土耳其地区暗管埋深 1.5 m,间距 60 m 时,土壤表层含盐量比试验前下降了 80%,但冬季盐分淋洗效果不明显。不同暗管埋深与埋设间距对土壤排水脱盐效果影响有显著不同,随暗管间距增加,排盐率逐渐减小,随着暗管埋深增加,排盐率先增加后减小,埋深 0.9 m、暗管间距 10 m 时,排盐效果最佳。暗管排盐技术结合地面灌溉对降低土壤耕层盐分具有明显的作用,依据实际情况可降低灌溉量或增加暗管铺设间距。暗管排水排盐技术能够有效地控制地下水位,具有增强降水淋洗盐分和降低地下水位抑制返盐的能力,适合潜水埋深较浅的河北滨海盐碱区应用。浅层暗管排水与新疆大面积膜下滴灌技术配套使用,可有效地治理农田盐碱土壤,节约土地,提高作物产量,为盐碱土壤开发利用提供依据。

综上,暗管排水技术改良盐碱地可有效地控制地下水位,增强降水淋洗盐分和降低地下水位抑制返盐,降低土壤含盐量,对盐碱地改良具有可靠性和高效性。国内外针对暗管排水的研究较多,但关于河套灌区下游盐碱地的暗管排水关键技术参数确定的研究还有所欠缺,本研究在此基础上探索暗管排水加速排盐的过程以及对盐碱地改良的实际效果,为确定基于暗管加速排盐的地力提升技术及模式建立基础。

1.2.8　暗管排水排盐工程技术综合效益的研究

1. 暗管排水排盐综合效益研究进展

暗管排水排盐工程在改良土壤盐渍化和提高作物产量等方面具有良好的效果,并已在世界多个国家和地区推广示范与应用,表现出良好的生态效益和经济效益。暗管排水排盐工程对土壤脱盐效果明显,使得土壤由"高盐异质性"向"低盐均质性"转变,生态效益提升显著,由暗管排出的土壤水矿化度大于灌溉用水。相同条件灌溉下,暗管上部土壤脱盐效果显著优于暗管中部土壤脱盐效果,脱盐率显著大于无暗管布置的处理。暗管排水排盐技术可以实现在短时间内将土壤中多余水分排出土壤,同时满足土壤的淋洗要求,控制地下水位,防止引起次生盐渍化。Ghumman(2011)在巴基斯坦研究暗管排水技术对土壤盐渍化的改良效果,提出暗管排水排盐技术可以降低土壤表层和剖面的含盐量,同时降低了该地区的地下水位。除降低土壤含盐量外,暗管排水技术还可以提高土壤的透气性,增强土壤中微生物的活跃程度,降低土壤中有毒物质的含量,为作物提供安全的生长环境。艾天成等(2007)研究暗管排水工程对涝渍地耕层土壤理化性质的影响后提出,随着暗管排水工程实施时间的延长,土壤孔隙率不断增加,增强了土壤通气性和土壤中微生物的活跃度,暗管排水技术实施后提高了土壤中速效养分的含量。学者研究发现,暗管排水排盐技术在提高作物产量的同时,还可以提高作物的品质,具有较好的经济效益。周志贤等(1995)经过研究提出,间距 16 m、埋深 0.8 m 的暗管布置方案增产效果最好,且投资回收年限小于 2 年,对提高农田经济效益的效果非常显著。倪同坤(2005)对滩涂暗管排水快速改良重盐土的效应进行试验研究,得出暗管区与对照区相比当年就可以收回成本,同时暗管具有使用寿命长的优点,其经济效益极为明显。章嘉慧等(1991)研究暗管排水治理渍害低产田效果,指出暗管排水技术较明沟排水和空白对照分别增产 11.15% 和 53.8%,且通过静态分析得到暗管排水技术成本回收时间小于 4 年。有研究提出相同条件下,明沟排水、鼠道排水和暗管排水三种排水方式中,暗管排水技术的年净效益最大,经济效益最佳,同时暗管排水技术比明沟排水增产 10% 以上,运行管理费低于明沟排水运行管理费约 25%。李占柱(1985)提出将暗管排水工程分为工程投资、年费用和经济效益三部分,其中经济效益主要由作物增产和减少占地所得效益组成。有研究提出,通过暗管排水技术实施后的经济效益可以明显带动社会效益,提高了试验区域农民的生活和技术水平。刘文龙等(2013)对黄河三角洲暗管排水的综合效益进行评价,暗管排水技术实施后每年增收 665 万元,同时降低了地下水位和土壤含盐量,促进了农业现代化发展,具有明显的经济、生态和社会效益。朱成立等(2013)经过研究提出从经济效益、土壤质量、生态环境三个方面建立滨海盐碱地暗管改碱效应评价体系,并应用实例对评价体系进行检验,得到了较好的效果。同时,他们利用投影寻踪分类模型对暗管排水技术进行综合效益评价,通过模型计算出综合效益最佳的处理。

综上,暗管排水排盐工程实施后,在不同方面均可发挥其效益,在促进作物生长、增产增收及改善农田生态环境等方面效果显著。河套灌区已开展暗管排水工程相关研究,但其效益评价研究较少,且现有的评价角度较为单一。因此,开展河套灌区暗管排水工程的改良效果监测和效益评价具有重要意义,通过监测和评价不同程度盐渍化土壤条件下暗管排水工程的改良效果和效益,明确暗管排水工程的改良效果和效益,对推动暗管排水工程在河套灌区的应用和发展具有积极的意义。

2. 暗管排水排盐综合效益研究方法进展

土壤盐渍化作为制约农业发展的重要因素之一,如何改良土壤盐渍化、提高土壤地力和作物产量,是众多学者和专家关注的重点。经过多年研究,学者和专家在改良土壤盐渍化的措施和方法上已经取得了诸多研究成果。目前,土壤盐渍化改良的效益评价主要是单一的生态效益评价、单一的经济效益评价和经济-生态效益相结合的综合效益评价三类。耿其明等(2019)建立土壤肥力评价体系,利用模糊数学综合评价方法对土壤肥力进行评价,得到两种开发工程均对盐碱地土壤肥力的改良效果明显。刘文龙等(2013)以作物产量、成本和总收入等作为评价指标,利用财务分析的方法来评价暗管排水技术改良盐碱地的综合效益。闫玉民等(2014)研究暗管排水对土壤和番茄系统的影响及其综合效益,通过投影寻踪分类模型对暗管排水技术的综合效益进行评价,得到了综合效益的最佳处理,且评价模型的引入使得评价结果更为科学、合理。马贵仁等(2020)对构建河套灌区大规模盐碱地改良效果评估指标体系进行研究,采用改良德尔菲法确定盐碱地效果评估的指标体系权重,构建评分细则进行评估,最后筛选出评价结果为优良的企业和改良措施。王庆蒙等(2020)以土壤 pH 值、土壤全盐、土壤脱盐率和土壤有机质及养分为指标,研究不同培肥措施对盐碱地的改良效果。李楷奕等(2019)以地下水位埋深、土壤全盐量和地下水矿化度变化特征为依据,评价暗管排水技术改良土壤盐渍化的效果。赵小雷等(2014)利用德尔菲法和层次分析法建立了包含生态、抗性和景观三大准则的指标体系,并对植物群落进行评价、筛选和优化,得到较为适宜的植物群落。刘名江等(2018)基于熵权 TOPSIS 模型评价不同施氮量对盐碱地中紫花苜蓿生产性能和土壤盐分的影响,筛选出综合紫花苜蓿生产性能及土壤肥力的最佳施肥策略。刘庚衢(2020)通过构建盐碱地整治综合效益评价指标体系,从经济、生态和社会效益三方面建立盐碱地整治评价指标体系,利用层次分析法确定各项指标的权重,用模糊综合评价法对项目进行评价,得到了令人满意的项目评价结果。

综上所述,学界对于暗管排水工程改良土壤盐渍化效果的综合效益评价研究鲜有见闻。因此,通过组合赋权与 TOPSIS 模型相结合评价暗管排水工程的综合效益,将主、客观因素相结合具有科学合理和计算便捷等优点。

1.3　研究目标

本研究针对内蒙古河套灌区下游土壤盐渍化程度较为严重的现状,采用田间试验、实地调查及模型评价的方法,研究筛选环保型化学改良剂和微生物菌剂、综合节水控盐措施下土壤环境、耐盐牧草生长及生物量、牧草与土壤间盐分吸收运移规律,明晰暗管排盐综合改良措施对不同程度盐渍化土壤的改良效果,对河套灌区农牧交错区暗管排盐增草兴牧进行综合评价。研究成果将为河套灌区实现"节水抑盐、提效增产、改善环境"的目标,促进灌区农业健康发展提供技术支撑和理论依据。

1.4　技术路线

通过开展环保型化学改良剂和微生物菌剂对盐碱地改良效果的研究,筛选适宜改良剂及形成盐碱地地力提升技术模式;同时,开展不同节水控盐措施下耐盐碱植物改良盐碱地效果试验,二次开发利用耐盐碱植物,并推广示范耐盐碱植物,形成中重度盐碱地暗管加速排盐与地力提升技术模式;采用优化组合暗管排盐＋耐盐碱植物改良措施,分析综合改良措施下土壤结构、养分、作物等的响应;采用赋权法与 TOPSIS 模型,选取生态效益、社会效益、经济效益的指标,进行河套灌区农牧交错区暗管排盐增草兴牧综合效益评价。本研究具体技术路线见图 1-1。

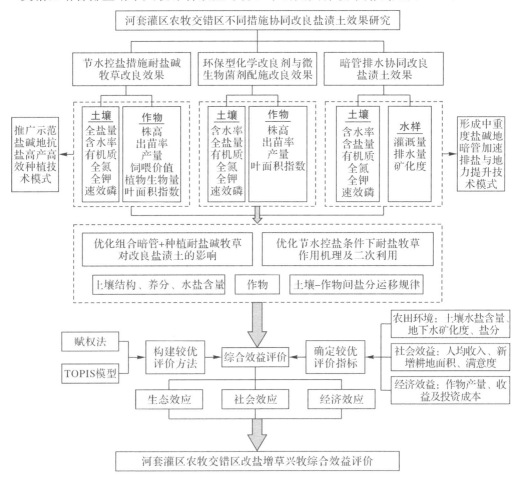

图 1-1　技术路线图

第 2 章

研究区概况及试验设计

2.1 研究区概况

2.1.1 研究区地理位置

内蒙古河套灌区是我国三大灌区之一,也是全国最大的一首制自流灌区,位于北纬 40°19′~41°18′,东经 106°20′~109°19′,处于黄河"几"字弯上,北依阴山山脉狼山、乌拉山南麓,南临黄河,与鄂尔多斯高原隔河相望,东至包头市郊区,西接乌兰布和沙漠。灌区总土地面积约 1.12×10^6 hm²,灌溉面积约 5.74×10^5 hm²,占总土地面积 51% 左右。灌区地势平坦,由西南到东北坡度降低,海拔 1007~1050 m,坡降 0.12‰~0.20‰。因长期引黄灌溉,在河套平原内部形成大量的人工水系,从其内部纵横穿插而过,形成了西北干旱半干旱区人工灌溉"绿洲"特有的农田水生态环境。内蒙古河套灌区的土壤地下水运动属于"垂直入渗-蒸发型",其补给源主要是灌区农业生产种植时大量引黄灌溉水的入渗。据不完全统计,内蒙古河套灌区每年有 1.8×10^9 m³农业灌溉水入渗到土壤深层,造成极大的水资源浪费,灌溉用水效率较低,同时因灌区蒸发较大,形成严重的次生盐渍化。本研究依托内蒙古河套灌区乌拉特灌域红卫试验基地,研究区位于内蒙古河套灌区下游三湖河西部的农牧交错区,可利用的草原退化程度较为严重。具体位置如图 2-1 所示。

图 2－1　研究区地理位置图

2.1.2　水文地质条件

内蒙古河套灌区地处干旱半干旱气候带,长期下沉的封闭断陷盆地,在漫长的地质时期中充盈着湖水,控制着地下水的形成和分布,造成河套灌区具有明显的干旱半干旱气候带沉降盆地型水文地质特征。区域沉积中心在扇裙前缘断裂以南,陕坝以北呈北东向的深陷带第四系厚度最大,在潜伏乌拉山隆起带东段西山咀一带,厚度最薄。沉积岩性在垂直方向上,有由粗到细两个沉积旋回,至更新世晚期,因黄河出现,沉积岩性表现为由细到粗。上更新世以来,由西到东,自南而北颗粒变细;全新世以来,因黄河改道,使沉积岩性和厚度复杂化。以洪冲积、冲湖积、风积物和湖沼堆积为主,在河套平原表层形成全新统。灌区内以冲湖积层和冲积层为主,山前地带以洪冲积层和洪积层颗粒较粗的卵砂砾石为主,夹薄层沙壤土,厚度可达 20～50 m;在黄河古河道,有就地起沙的风积沙层,形成乌兰布和沙漠和套内零星分布的沙丘。

研究区地下水埋深受引黄灌溉、气象因素等影响较大,且呈现明显的季节变化特征。农业灌溉水入渗、降水入渗、乌拉山冲积扇侧向补给等,是地下水补给的主要途径。作物灌溉期,研究区地下水位显著上升;而非作物灌溉期,研究区地下水位显著下降。通过对研究区地下水质的实测数据分析,由于三湖河的补给影响,三湖河以南地下水含盐量较低。按舒卡列夫分类,地下水以 Cl-Na-Mg 型为主,其次为 Cl-Na 型水。从含水层岩性看,富水性中等,有一定供水意义。

2.1.3　气候条件

研究区属温带大陆性多风,半干旱干旱气候,夏季热而短,冬天寒而长,昼夜温差较大,年均气温为 5.9～9.0 ℃,积温为 2700～3200 ℃。光照时间长,降雨主要集中在夏季的 6—8 月,占全年降雨量的 70% 以上,年均蒸发量 2383 mm,无霜期146 d,冬季土壤冻结深度可达 115 cm。全年主风向为西南与西北风,年风沙天可达 47～105 d,造成全年 80% 以上的侵蚀产沙主要分布在 7—9 月;年均地下水埋深为 1.6～2.2 m,最深可达 2.5 m 以上(一般在 3 月份),最浅仅为 0.5 m 左右(一般在 11 月份)。研究区作物生育期降雨及气温数据如图 2-2 所示。

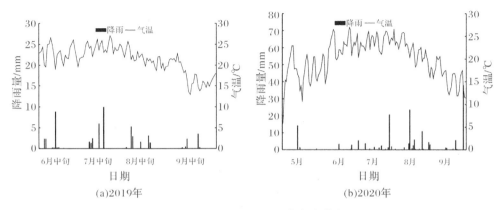

图 2-2　2019 年和 2020 年气象数据

2.1.4　研究区土壤质地

研究区土壤主要是灌淤土和盐土,土壤养分含量与物理参数性质如表 2-1 和表 2-2 所示,土壤盐分离子基本组成如图 2-3 所示,全盐量小于 4.8 g/kg 的轻度盐碱地占比 16.9%,全盐含量在 4.8～8.4 g/kg 的中度盐碱地占比 9.0%,全盐含量大于 8.4 g/kg 的重盐碱地占比 74.1%,属氯化物类盐土占比 23.3%,硫酸盐氯化物盐土占比 41.9%。研究区土壤 0～20 cm 土层含盐量高于 4 g/kg,属中度盐碱地。0～100 cm 土层平均容重为 1.53 g/cm³,pH 值为 7.7。

表 2 - 1　试验区土壤养分含量

土层深度 /cm	有机质 /(g·kg⁻¹)	全氮 /(g·kg⁻¹)	全磷 /(g·kg⁻¹)	全钾 /(g·kg⁻¹)	有效磷 /(mg·kg⁻¹)	速效钾 /(mg·kg⁻¹)	全盐量 /(g·kg⁻¹)
[0,20)	10.863	0.864	0.931	24.18	28.95	281.5	4.11
[20,60)	7.521	0.326	0.521	19.37	3.67	172.0	3.57
[60,100)	5.545	0.289	0.439	21.53	1.81	105.0	3.24

表 2 - 2　试验区土壤类型及物理参数

土层深度/cm	土壤颗粒组成/%			土壤容重 /(g·cm⁻³)	饱和导水率 /(cm·d⁻¹)	土壤水分运动特征参数			
	砂粒	粉粒	黏粒			残余含水率 /(cm³·cm⁻³)	饱和含水量 /(cm³·cm⁻³)	经验形 状参数 n	经验形 状参数 α
[0,20)	22.97	70.23	6.80	1.51	52.25	0.046	0.453	1.723	0.005
[20,40)	22.58	72.60	4.82	1.47	58.63	0.043	0.441	1.714	0.005
[40,60)	15.74	79.61	4.65	1.53	64.55	0.043	0.467	1.721	0.005
[60,80)	28.44	65.04	6.52	1.56	57.38	0.046	0.488	1.701	0.006
[80,100]	32.67	62.83	4.50	1.59	79.27	0.038	0.442	1.691	0.005

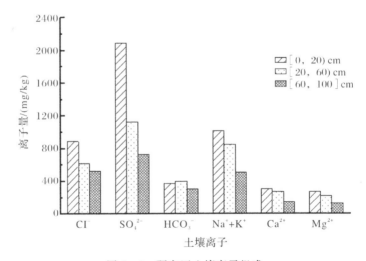

图 2 - 3　研究区土壤离子组成

2.2　试 验 设 计

2.2.1　试验一:环保型改良剂和微生物菌剂筛选与地力提升研究

试验一以枸杞为指示植物,采用本团队已有的渠水-微咸水轮灌研究成果,即"淡咸咸"进行灌溉。在枸杞开花初期灌矿化度为 0.608 g/L 的淡水 75 mm,在枸杞果实膨大期和夏盛果期灌矿化度为 3.84 g/L 的地下微咸水,每次灌水量均为 75 mm,生育期总灌水量为 225 mm。试验一基肥与枸杞叶面肥参照地方标准《盐碱土壤枸杞咸淡水轮灌技术规程》施入。试验一设 4 个处理:不二菌碳(J1)、内生菌(J2)、多肽豆蛋白(J3)、对照处理(CK),各重复 3 次,共 12 个小区。其中,不二菌碳为含腐殖酸的黑色粉末状微生物肥,内生菌肥含有内生菌,多肽豆蛋白肥不含腐殖酸。枸杞种植株距 1 m,行距 3 m,每个小区种植 7 株枸杞,首尾各 2 株为保护带。试验小区行间设保护带,小区间用 120 cm 隔水板做防渗隔离。将不同微生物菌剂按推荐量施入盐渍化土壤,根据改良土壤盐分含量与分布、枸杞指标等,筛选出适宜微生物菌剂。试验方案如表 2-3 所示,图 2-4 为不同种类的微生物菌剂。

基于第一年的微生物菌剂筛选结果,设置施加改良剂和微生物菌剂(T)与不施加改良剂和微生物菌剂的对照处理(CK),每个处理重复 3 次,总计 12 个小区。基于土壤有机质、全氮、有效磷和全钾代表土壤地力的指标,提出适宜的治理盐碱地关键技术。

表 2-3　试验方案

处理	生育期内总灌水量/mm	微生物菌剂种类	微生物菌剂施用量/(千克/亩)
J1	225	不二菌碳	5
J2	225	内生菌	5
J3	225	多肽豆蛋白	10
CK	225	无	0

(a)不二菌碳微生物肥　　　　(b)内生菌微生物肥　　　　(c)多肽豆蛋白微生物肥

图2-4　所筛选的微生物菌剂种类

2.2.2　试验二:不同耐盐植物抗盐机理研究

试验二以盐碱荒地作为对照(CK),选用耐盐植物甜高粱、苏丹草、苜蓿、枸杞为供试植物。每个小区种植一个品种,试验共设置5个处理,每个处理重复3次,总计15个小区,每小区面积18 m^2,小区间隔0.5 m,随机区组排列。甜高粱、苏丹草、苜蓿为穴播种植方式,株距20 cm,行距30 cm,每穴播种7~8粒,出苗后进行定苗,苜蓿穴播14粒;枸杞为移栽种植方式,株距30 cm,行距100 cm。各处理播种前(春灌)灌水量为2250 $m^3 \cdot hm^{-2}$。苏丹草、甜高粱生长旺盛期灌水量为750 $m^3 \cdot hm^{-2}$;苜蓿现蕾到开花期灌水900 $m^3 \cdot hm^{-2}$;枸杞生育期内灌水3次,分别在春梢生长期、开花初期、果熟期各灌水450 $m^3 \cdot hm^{-2}$。11月初进行秋浇,灌水量为2250 $m^3 \cdot hm^{-2}$。

2.2.3　试验三:节水控盐下耐盐植物改良盐碱地效果的研究

本试验是节水控盐措施下耐盐植物改良盐碱地效果的研究。根据团队前期研究成果,本试验将秸秆埋设深度选在40 cm,秸秆用量选为12 t $\cdot hm^{-2}$、18 t $\cdot hm^{-2}$。秸秆埋设前先用铁锹将试验区土壤0~20 cm和20~40 cm土层依次取出,然后把不长于5 cm的玉米粉碎秸秆均匀铺设在地下,铺设厚度5 cm(压实前厚度),最后将土壤按原层次回填。试验布置完毕,立即进行秋浇压盐。

前期通过对研究区土壤取样进行颗分试验,实验结果显示,研究区土壤质地主要为中壤土和轻壤土,再根据研究区的地下水埋深实际情况,在试验区内布置10

根暗管,分为两组,埋深分别为 0.8 m 和 1.2 m,对应吸水管间距选为 20 m 和 30 m。暗管排水设施施工前,试验地周围打田埂,按平面布置测量放线。用小型挖掘机根据设计深度开挖 1.3 m 左右管沟,每开挖 20 m 检查沟深与纵坡。随后铲平沟底,沿坡降方向铺设包裹无纺布的吸水管,管周围填粒径小于等于 4 cm 的砂砾石,厚约 20 cm,最后分层回填埋管,除紧靠裹滤料 20～30 cm 土料不需要夯实外,其他要分层夯实。吸水管末端设置长度为 1 m 的 PE 管,排水直接排入农沟。

试验设 4 个节水控盐措施:秸秆深埋 S1(秸秆用量为 12 t·hm^{-2})、秸秆深埋 S2(秸秆用量为 18 t·hm^{-2})、暗管排水 T1(埋深 1.2 m,间距 30 m)和暗管排水 T2(埋深 0.8 m,间距 20 m)。本试验选取苜蓿、苏丹草为供试植物,在上述 4 个节水控盐措施及地膜覆盖措施(当地农户普遍采用措施为对照,即 CK 处理)中分别种植,共 10 个处理,重复 3 次,具体试验布置见表 2-4。每个小区面积为 25 m^2 (5 m×5 m)。4 月进行深翻、耙地,翻地深度约 30 cm。各处理施肥量:尿素用量 315 kg·hm^{-2},硫酸钾用量 270 kg·hm^{-2},一次性基施。此后对 10 个处理进行地膜覆盖,各处理均覆盖 60 cm 黑色塑料薄膜,每小区铺设 6 行黑膜,薄膜间裸露地面间距 25 cm。植物整个生育期灌水 4 次,水源为黄河水,矿化度约为 0.608 g/L,播种前(春灌)灌水量为 2025 m^3·hm^{-2},生长旺盛期灌水量为 550 m^3·hm^{-2}。5 月 28 日开始种植耐盐碱植物,播种方式为人工点播,播种后穴口用细砂覆盖。每行膜播种 2 行种子,苏丹草穴播粒数 4～5 颗,苜蓿穴播粒数 14 颗,穴距 30 cm,行距 20 cm。

表 2-4　试验处理布置情况

编号	埋深	用量(间距)	种植植物	施肥量	灌水水质
S1	40 cm	12 t·hm^{-2}	苏丹草		
	40 cm	12 t·hm^{-2}	苜蓿		
S2	40 cm	18 t·hm^{-2}	苏丹草	磷肥为磷酸二铵,以 P$_2$O$_5$ 计,施磷量为 150 kg·hm^{-2};钾肥为硫酸钾,以 K$_2$O 计,施钾量为 45 kg·hm^{-2};氮肥为尿素,以纯氮计,施氮量为 315 kg·hm^{-2},施肥时均应换算成肥料重量。磷肥、钾肥与氮肥作为基肥一次性施入	牧草生育期采用黄河水灌溉,灌溉水矿化度为 0.608 g·L^{-1};全生育期灌水 4 次
	40 cm	18 t·hm^{-2}	苜蓿		
T1	1.2 m	30 m	苏丹草		
	1.2 m	30 m	苜蓿		
T2	0.8 m	20 m	苏丹草		
	0.8 m	20 m	苜蓿		
CK	—	—	苏丹草		
	—	—	苜蓿		

2.2.4　试验四:工程改良＋明沟排水措施对盐碱地改良效果的影响

本试验工程改良措施采用的是暗管排盐水利工程,根据试验区冻土深度、土壤参数、地下水埋深等情况,参照《农田排水工程技术规范》(SL4—2013)及《灌溉排水工程学》,结合暗管埋深和间距的经验值,试验区暗管埋深设为 0.8 m 和 1.2 m,间距为 20 m 和 30 m,暗管排水工程控制总面积约 130 亩。具体施工现场如图 2-5 所示。

图 2-5　工程布置施工现场

2019 年 11 月进行施工建设,采用开沟铺管回填一体化机械进行施工。施工前,试验地周围打田埂,按平面布置测量放线。用小型挖掘机根据设计深度开挖 1.3 m 左右深管沟,每开挖 20 m 检查沟深与纵坡,比降控制在 1/1000 左右。随后铲平沟底,沿坡降方向铺设包裹土工布,管周围填粒径小于等于 4 cm 砂砾石,厚约 20 cm,分层回填埋管,除紧靠裹滤料 20～30 cm 土料不需夯实外,其他均要分层夯实。吸水管末端设置长度为 1 m 的 PE 管,排水直接排入农沟。

田间试验区包括 3 个小区,即未铺管对照 CK、暗管埋深 1.2 m 间距 30 m 的 T1 小区和埋深 0.8 m 间距 20 m 的 T2 小区,T1 和 T2 分别铺设了 5 根暗管,共 10 条暗管。暗管长度为 150 m 左右,管材质为带孔的 PVC 波纹管,管径为 80 mm,开孔缝隙不超过 1 mm,开孔面积大于 250 cm^2/m^2,比降控制在 1/1000 内,管外包有 68 g/m^2 的透水性土工布。CK、T1 和 T2 相互之间埋设 1～1.3 m 深的 PVC 塑料膜做防渗处理。排水管末端装有水表,用以监测排水期间暗管排水相关数据。田间试验的指示作物为向日葵,作物监测小区面积为 10～15 m^2,具体布置见图 2-6。

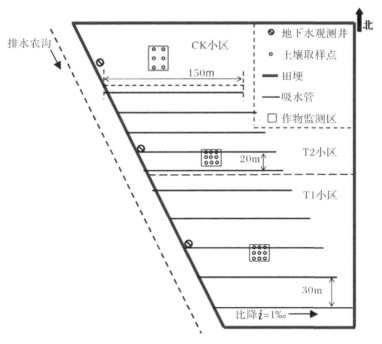

图 2-6　田间试验平面布置图

2019 年和 2020 年试验播种按照当地的农时进行,向日葵(国葵 HF309)于 6 月 5 日—7 日进行穴播,9 月 27 日—28 日人工收割,按照当地田间管理进行维护,各生育阶段划分及灌溉量如表 2-5 所示。

表 2-5　2019 年和 2020 年向日葵生育期划分及其灌溉制度

生育阶段	幼苗期	现蕾期	开花期	成熟期
时间	6 月 10 日～ 7 月 15 日	7 月 13 日～ 8 月 8 日	8 月 9 日～ 8 月 19 日	8 月 16 日～ 9 月 28 日
灌水时间	7 月 7 日	7 月 24 日	8 月 5 日	8 月 30 日
灌水量/mm	97.5	82.5	67.5	52.5

2.2.5　试验五:农牧交错区暗管-植物协同改盐兴牧效应研究

1. 供试植物

农牧交错区暗管-植物协同改盐兴牧效应研究是本书研究试验五。本试验供试植物包括紫花苜蓿、甜高粱和苏丹草。具体介绍如下:

紫花苜蓿属多年生豆科植物,栽培历史悠久,株高为 30～100 cm,根系发达、粗壮,深入土层,茎枝发达,丛生以至平卧,四棱形,无毛或微被柔毛,枝叶茂盛。适应性广,喜温暖、半干燥、半湿润的气候条件,适宜在干燥疏松、排水良好且高钙质的土壤生长。生长期一般为 5 至 12 年,是一种优质的牧草,在我国有 2000 多年的种植历史,被誉为"牧草之王"。紫花苜蓿已经成为世界上最主要的饲料作物之一,其干草产量居多种豆科牧草之冠,且富含蛋白质、微量元素和十多种维生素,还可当作绿肥作物或观赏植物。其根系长有固氮根瘤菌,可固定氮素供后续作物使用。其适宜在中性至微碱性土壤上种植,在强酸、强碱性土壤上较难存活,适宜土壤 pH 值为 7～8,土壤含可溶性盐在 0.3% 以下就能生长。种植苜蓿是改良盐碱地及提高盐碱地作物产量的重要措施之一。

甜高粱是禾本科高粱属一年生草本植物,因其茎秆富含糖分而得名。甜高粱为普通粒用高粱的一个变种,具有抗旱、抗涝、耐盐碱、耐瘠薄等很强的抗逆性及适应性。甜高粱具有饲草产量高、营养丰富、节水等生物学特性,是一种优质高产的饲草作物。甜高粱在各个时期耐盐碱性都比较高,适合广泛种植,可显著改善盐碱地土壤环境。

苏丹草是禾本科高粱属一年生草本植物,须根粗壮,秆较细,株高 1～2.5 m,直径 3～6 mm,叶片呈线形或线状披针形,长 15～30 cm,宽 1～3 cm。苏丹草具有产草量高、营养价值高、适口性好、耐盐碱性、抗旱性强、根系发达等特点,且具有很强的分蘖能力和再生能力。其作为在夏季的青饲料,饲用价值很高,茎叶比玉米和高粱柔软,含糖量高,蛋白质含量居一年生禾本科牧草首位。苏丹草改良盐碱土效果较好,可以有效促进土壤脱盐,减缓盐分表聚,降低土壤容重,提高土壤孔隙度和团聚体。

2. 试验设计

本试验共设置 8 个处理,即在暗管埋深 0.8 m、间距 20 m 下分别种植苜蓿(TP1)、甜高粱(TP2)和苏丹草(TP3),对照为无暗管条件下分别种植苜蓿(P1)、甜高粱(P2)、苏丹草(P3),以及有暗管条件下无植物[单独暗管处理(T)]和无暗管无植物[空白处理(CK)]。每个处理重复 3 次,每个小区面积为 25 m²(5 m×5 m),试验方案如表 2-6 所示,田间试验平面布置如图 2-7 所示。根据试验区冻土深度、土壤参数和地下水埋深等情况,结合暗管埋深和间距的经验值,试验区吸水管埋深为 0.8 m,间距为 20 m。暗管材质为带孔的 PVC 波纹管,管径为 80 mm,比降控制在 1/1000,排水暗管外包有 68 g/m² 的透水性土工布。

表 2 - 6 试验方案

序号	处理	暗管参数	耐盐牧草
1	TP1		苜蓿
2	TP2	埋深 0.8 m,间距 20 m	甜高粱
3	TP3		苏丹草
4	P1		苜蓿
5	P2	无暗管	甜高粱
6	P3		苏丹草
7	T	埋深 0.8 m,间距 20 m	无
8	CK	无	无

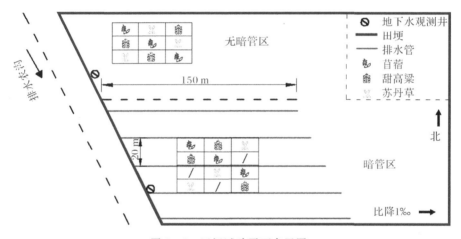

图 2 - 7 田间试验平面布置图

试验分别于 2020 年和 2021 年开展。2020 年 4 月采用农机进行翻耕、平地和耙地,翻地深度约 30 cm。2 年春灌时间分别为 5 月 16 日和 5 月 19 日,依据团队前期研究成果,春灌灌水定额均为 2250 m³/hm²,用黄河水灌溉,灌溉方式为畦灌。播种前对各处理进行地膜覆盖,均覆盖 60 cm 黑色塑料薄膜,薄膜间裸露地面间距 20 cm。耐盐植物播种方式为人工穴播,每行膜播 2 行种子,穴距 30 cm,行距 20 cm。苜蓿、甜高粱、苏丹草种子穴播粒数分别为 15 粒、3 粒和 4 粒,播种后需进行覆沙。其他农艺措施均按照当地田间生产管理开展:施肥统一用当地施肥方法和施肥量,氮肥与磷肥施用量分别为 315 kg/hm² 和 180 kg/hm²,50% 的氮肥及全部的磷肥在播种前基施,氮肥的 25%、25% 分别在一水、二水前追施,人工除草、除虫。根据当地农时,种植耐盐牧草在生长旺盛期按照灌溉制度灌溉 2 次,灌水量均为 950 m^3/hm^2。灌溉时间为:2020 年第 1 次和 2 次灌水时间分别是 7 月 10 日和 8 月 14 日,2021 年分别是 7 月 7 日和 8 月 15 日。

2.3　测定项目及方法

2.3.1　气象资料

试验期内的气象数据从试验区内的 HOBOU30 小型自动气象站获取。气象数据的采集频率均为 30 min 一次,采集的气象数据主要包括温度、相对湿度、太阳辐射、大气压、风速、风向和降雨量等。

2.3.2　土壤水盐指标测定

(1)土壤容重:利用田间挖掘剖面取环刀的方法测定。在研究区选择代表性地块,在土壤剖面分别用容积为 100 cm^3 的环刀取土样,取样深度为 0～100 cm,取样分为 0～20 cm、20～40 cm、40～60 cm、60～80 cm 和 80～100 cm 共计 5 层进行采样,每层重复取 3 次。将装有湿土的环刀,放入烘箱中 105 ℃烘 12 h,直至烘干重量不再变化,然后称取其重量(准确到 0.01 g)。

(2)土壤含水率:采用烘干法进行测定,从春灌前 1 d 开始直至秋浇前 1 d 结束,每隔 15 d 取样 1 次,每次取样分为 0～20 cm、20～40 cm、40～60 cm、60～80 cm 和 80～100 cm 共计 5 层进行采集。称取土壤样品湿土质量后,将铝盒置于烘箱中 105 ℃烘 12 h,再称干土质量,最后计算土壤质量含水率。

(3)各处理取土样经风干和粉碎后过 1 mm 筛,测定有机质含量、碱解氮、速效磷和速效钾含量。有机质采用重铬酸钾法;碱解氮采用碱解扩散法;速效磷采用碳酸氢钠浸提-钼锑抗比色法;速效钾采用乙酸铵浸提火焰光度法;SO_4^{2-} 采用乙二胺四乙酸(EDTA)间接滴定法测定;Cl^- 采用 $AgNO_3$ 滴定法测定;HCO_3^- 采用双指示剂中和法测定;Ca^{2+}、Mg^{2+} 采用 EDTA 络合滴定法测定;$K^+ + Na^+$ 采用阴阳离子平衡法测定。

(4)土壤含盐量:采用电导率法进行测定,从春灌前 1 d 开始直至作物收获前 1 d 结束,每隔 15 d 左右取样 1 次,每次取样分为 0～20 cm、20～40 cm、40～60 cm、60～80 cm 和 80～100 cm 共计 5 层进行采集。采用风干法、研磨法和过筛法分别对所取土水比为 1∶5 的土壤样品进行浸提,浸提后由振荡器进行振荡过滤,再用上海雷磁 DDSJ-308 型电导率计测定其电导率值。同时,运用研究区基础土样数据拟合公式将土壤电导率转化成土壤全盐量,拟合公式为

$$S = 3.3582\sigma_{1:5} + 0.0379 \tag{2-1}$$

式中:S 为土壤全盐量,g/kg;$\sigma_{1:5}$ 为土水比为 1:5 的土壤浸提液电导率值,mS/cm。

土壤脱盐率计算公式

$$P = 100\% \times [(S_1 - S_2)/S_1] \tag{2-2}$$

式中:P 为土壤脱盐率,%;S_1、S_2 分别为土壤全盐量初始值和终值,g/kg。

(5)盐分平衡计算(0~60 cm 土壤)。

土壤各盐离子含量、植物地上部和根系盐分含量、土壤盐分减少量和盐分淋溶量按下列公式进行计算:

$$W_{SX} = S_{SX} \times \rho \times 10^3 \times h \tag{2-3}$$

式中:W_{SX} 为单位面积内土壤 X 含量,g/m²;S_{SX} 为土壤中 X 含量,g/kg;ρ 为土壤容重,g/cm³;h 为土壤深度,m。X 为 K^+、Ca^{2+}、Na^+、Mg^{2+}、Cl^-、HCO_3^-、SO_4^{2-}。

$$W_{PX} = S_{PX} \times W_D \tag{2-4}$$

式中:W_{PX} 为植物地上部或根系 X 吸收量,g/m²;S_{PX} 为植物地上部或根系中 X 含量,g/kg;W_D 为植物地上部或根系生物量干重,kg/m²。

$$P_{PX} = W_{PX}/W_1 \tag{2-5}$$

式中:P_{PX} 为植物 X 吸收运移脱盐率,%;W_1 为种植前土壤 X 含量,g/m²。

$$P_{SX} = (W_1 - W_2)/W_1 \times 100\% \tag{2-6}$$

式中:P_{SX} 为土壤 X 脱盐率,%;W_2 为收获后土壤 X 含量,g/m²。

$$P_L = (W_1 - W_2 - W_{PX})/W_1 \times 100\% \tag{2-7}$$

式中:P_L 为土壤 X 淋溶脱盐率,%。

2.3.3　植物样品的测定

(1)分别于牧草苗期(6月)、生长旺盛期(7、8月)和收获期(9月),在各小区随机选取测量并记录 5 株植物的株高和叶面积。

(2)甜高粱生物量。地上部分:取 1 m² 样地测产,重复测量 5 次。秋季收获时称得每年甜高粱的地上部分鲜重(并同时取茎叶若干,以备做植株体内盐分离子测定)。地下部分:进行动态取土壤样时,同时取植物样,植物地上部分和根系分开。将植物根系在蒸馏水下冲洗干净后用吸水纸吸干进行称重。

(3)苜蓿和苏丹草生物量。地上部分:取 1 m² 样地测产,重复测量 5 次。累加

每次刈割称得的鲜重,得出每年苜蓿和苏丹草的地上部分鲜重(并同时取茎叶若干,以备做植株体内盐分离子测定)。地下部分:土壤进行动态取样时,同时取植物根系部分。将植物根系在蒸馏水下冲洗干净后用吸水纸吸干进行称重。

(4)测完植物鲜重,将植物地上和地下部样品在烘箱中110 ℃下杀青后降温至85 ℃烘干至恒重,称量植物地上地下部分干重,计算平均每种植物的地上和地下部分干重。然后,将植物样品粉碎后保存备用。植物SO_4^{2-}和Cl^-采用离子色谱法测定,K^+、Na^+、Ca^{2+}和Mg^{2+}采用电感耦合等离子体发射光谱法测定。

(5)向日葵的生长指标测定主要为株高和茎粗,产量测定主要包括花盘重、百粒重、籽粒重和亩产量。

株高和茎粗:采用定株观测法测定。用盒尺测量向日葵茎基部至花盘顶点的距离,以确定其自然株高值。茎粗值选取的是向日葵茎基部茎粗值较大处的茎的直径,用游标卡尺每六十度进行一次测量,取三次平均值作为茎粗值。

产量因子:向日葵收割时,在不同处理小区连续选取 10 株向日葵进行脱粒并自然晒干。用天平来测量花盘质量、百粒质量及籽粒质量,最后再换算为每公顷的向日葵产量。

(6)叶面积指数计算:叶面积指数指单位土地面积上植物叶片总面积占土地面积的倍数,用 L 表示。每小区取 5 株植物利用网格法将叶片描边,利用数网格数计算实际面积与叶片最大长宽的乘积进行比值,得出叶面积指数。以后每次只需进行最大长宽的测量,以计算叶面积指数。

2.3.4 农田水土环境监测指标

根据研究区各区布置好的取样点,在第一次土壤样品采集时利用手持 GPS 记录并确定位置。分别在作物播种前、作物生育期灌溉前后和作物收获后采集各区的土壤样品,每次土样分为 0~20 cm、20~40 cm、40~60 cm、60~80 cm 和 80~100 cm 共计 5 层采集。将采集好的各层土壤充分混合,取部分样品分别封装在铝盒和自封袋中,带回试验基地。地下水监测井选用直径 110 mm 的 PVC 塑料管,垂直埋入地下,预先对埋入地下部分管壁进行打孔并用过滤布包裹,PVC 塑料管埋入地下深度为 5 m。

(1)土壤含盐量、含水率、养分监测同 2.3.2 节土壤水盐指标测定的方法。

(2)地下水埋深:采用盒尺和铅锤测定。田间试验区不同处理小区均埋设地下水观测孔,观测孔为长 6 m,直径 110 mm 的 PVC 塑料管,垂直埋入地下,埋入深度为 5~6 m,地下埋入部分打孔并用滤布包裹,每 7 d 测定一次地下水埋深。

（3）地下水矿化度：地下水样品的采集与处理均按照地下水环境监测技术规范开展，每 7 d 测定一次地下水矿化度，水样保存于 500 mL 的 PE 塑料瓶中，带回实验室测定。

（4）灌排水量及水质：田间灌水开始后，在试验区灌水口处使用 LSH10—1QSX 型多普勒流速仪监测灌水流量并记录总灌水时长；当暗管开始排水后，通过检查井中的梯子下到水表处（或到排水明沟），每隔 8 h 读取记录一次水表读数；利用取水壶采集灌排水，在室内采用 SX-650 笔式电导率仪测定灌排水矿化度值。

2.3.5　暗管排水工程效益监测指标

暗管排水工程于 2019 年 11 月完工，对暗管排水工程的监测于 2020 年春灌前（即暗管排水工程实施后第一次灌溉）开始。监测时间为 2020 年和 2021 年的 4 月至 11 月。监测指标的选取直接影响监测结果的有效性。因此，本研究通过查询相关资料并咨询专家意见，确定研究区暗管排水工程的监测指标。其中，在农田水土环境角度，2020 年监测指标主要有土壤含水率、土壤含盐量、土壤 pH 值、地下水位、地下水矿化度、土壤养分等。经过一年监测后，由于研究区土壤 pH 值无明显变化且地下水位在非灌溉期长期处于暗管埋深以下，因此，确定土壤含水率、土壤含盐量、地下水矿化度等指标作为农田水土环境指标继续进行监测。在经济效益角度，选取作物产量及收益、单位面积投资和种植成本进行监测；在社会效益角度，选取人均纯收入、农业劳动生产率、新增耕地面积、农业机械化率和农民满意度作为监测指标，其中研究区已经全面实现农业机械化，故剔除农业机械化率指标。

2.4　数据分析与方法

本研究应用 Excel 2010 对数据进行初步处理及整理，利用 SPSS 25.0 进行数据描述性和相关性分析，处理间多重比较采用最小显著差异法（LSD）进行显著性检验（$\alpha = 0.05$），在 DRAINMOD 模型中利用地下水模块对研究区地下水埋深进行模拟，利用 ArcGIS 10.8 绘制土壤盐分空间分布图，利用 Matlab R 2014a 对暗管排水工程综合效益得分进行计算，最后采用 OriginPro 2018 完成绘图。

第 3 章

基于环保型改良剂与微生物菌剂的盐碱地综合治理

因不利的自然气候及地下水埋深较浅,使得可溶性盐类积聚于土壤耕作层,导致土壤理化性质变差、植物生长发育困难,加之不合理的灌溉制度和无节制开发利用,加重了土壤盐渍化的程度。为了改善生态环境和实现土地资源协调的可持续利用,科研工作者针对盐碱地改良开展了大量的实践和探索,取得了丰硕的成果,大幅度提升了盐碱地的利用率。本章主要以筛选环保型化学改良剂和微生物菌剂为切入点,探究二者改良盐碱地的机理,并集成基于环保型改良剂与微生物菌剂的盐碱地综合治理提升地力的技术模式。本章的主要内容如下:

1. 新型环保化学改良剂和微生物菌剂的盐碱地改良机理研究

在已有综合治理盐碱地关键技术基础上,引进新型环保化学改良剂和微生物菌剂,开展为期 2 年的田间试验,揭示其改良盐碱地机理,筛选优良的环保型盐碱地改良剂及微生物菌剂,进一步集成基于环保型化学改良剂及微生物菌剂的盐碱地综合治理提升地力的技术模式。

2. 综合治理盐碱地关键技术集成研究

在国内外已有盐碱地治理及研究成果的基础上,分析各种改良技术的优缺点、环保性、适用条件及盐碱地土壤改良原理,结合河套灌区中重度盐碱地的实际情况,进行盐碱地综合治理关键技术的集成,实现改良效果的最大化。

3.1 环保型化学改良剂和微生物菌剂筛选研究

本节研究基于试验一:环保型化学改良剂和微生物菌剂筛选及盐碱地地力提升试验研究,开展试验结果的统计分析,筛选出适宜河套灌区盐碱地改良的环保型化学改良剂和微生物菌肥种类,同时为盐碱地地力提升技术奠定基础。

3.1.1　生育期内不同微生物菌剂对土壤水盐含量的影响

1. 生育期内不同微生物菌剂对土壤含水率的影响

枸杞不同生育期内微生物菌剂的不同处理对土壤含水率的影响如图 3-1 所示。由图 3-1 可知,不同生育期的土壤含水率随土层深度增加呈先增后减的趋势,不同生育期不同处理的最大含水率所出现的土层深度不同。在萌芽期,J3(多肽豆蛋白菌剂)和 J2(内生菌菌剂)处理的土壤平均含水率高于 CK 和 J1(不二菌碳菌剂)处理。J2 处理的土壤含水率最大值出现在土层 80 cm 深处,J3 处理的土壤含水率最大值出现在 40 cm 土层,J3 处理的各土层平均土壤含水率均大于其他

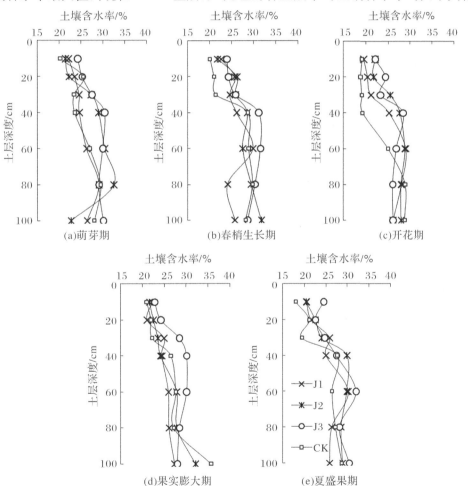

图 3-1　生育期灌水量对土壤含水率的影响

处理。春梢生长期,J3 和 CK 处理土壤含水率呈现相同的变化趋势:两种处理下的土壤含水率在 0～30 cm 土层变化较小,在 30～40 cm 土层含水率下降较大,在 40～100 cm 土层呈缓慢下降的趋势。而 J1 和 J2 处理的土壤含水率均在 10～20 cm 土层呈增大趋势,在 20～30 cm 土层减小,在 30～40 cm 土层增大,J1 处理在 40～60 cm 土层先增大后降低,而 J2 处理在 40～60 cm 土层缓慢下降。开花期,CK 处理的土壤含水率在 40～80 cm 增大,而其他处理呈缓慢下降趋势。各处理在果实膨大期的土壤含水率动态变化规律类似,在 0～80 cm 土层各处理土壤含水率先缓慢增大再减小。在夏盛果期,J1 和 J3 在土壤深层(40～100 cm)呈现出类似的变化规律:土壤含水率先增加,至 60 cm 土层后再逐渐降低;CK 和 J2 处理在土壤深层(40～100 cm)呈现出无明显变化的规律。综上可知,多肽豆蛋白菌剂 J3 处理下的平均土壤含水率最高,适宜枸杞生长。

2.生育期内不同微生物菌剂对土壤电导率值 σ 的影响

在枸杞不同生育期,不同微生物菌剂处理对土壤电导率值的影响如图 3 - 2 所示。由图 3 - 2 可知,在枸杞不同生育期,不同处理土壤电导率值呈现不同的变化趋势。春梢生长期,J1 处理的土壤平均电导率值高于其他处理,J2 和 J3 处理的土壤平均电导率值均呈先增后降的趋势;而 CK 处理下的土壤电导率值随土层深度增加呈先增加后减少,再逐渐增大的趋势。

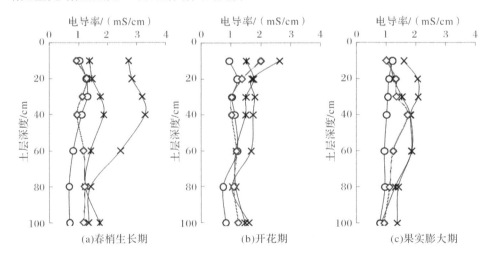

(a)春梢生长期 (b)开花期 (c)果实膨大期

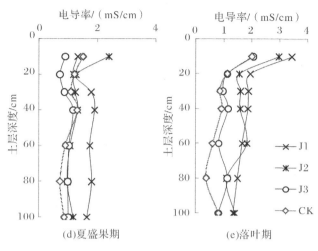

图 3-2　不同生育期微生物菌剂对土壤电导率值的影响

在开花期,J1 和 CK 处理呈现相同的变化规律,土壤电导率值在 10 cm 处呈最大值,在 0～30 cm 呈显著下降趋势,30～80 cm 土壤电导率值缓慢下降,在 80～100 cm 稍增大。

在果实膨大期,J3 处理的土壤电导率值随土层深度增加无显著的波动变化,J1、J2 和 CK 处理下土壤电导率值随土壤深度增加整体上呈现出先增加后降低的趋势。夏盛果期,各处理土壤电导率值均呈现出先降低后增加的趋势,且在 10 cm 土层的土壤电导率值较高,在 20～40 cm 土层有上升趋势,在 40～80 cm 土层电导率值缓慢增加。J1 处理下的土壤的平均电导率值较高。

在落叶期,各处理土壤电导率值在 10 cm 最大,土壤盐分聚集在表层,10～20 cm 土壤电导率值下降。各处理电导率值在 20～80 cm 土层较为稳定,其增加值和降低值几乎一致,100 cm 土层土壤电导率值和 20 cm 土层土壤电导率值相近。

生育期初期,J1 处理的土壤电导率值较高,但从春梢生长期到夏盛果期,J1 处理下各土层的平均电导率值下降幅度较大,脱盐率较高,为 24.1%。J2 次之,脱盐率为 9.2%;J3 处理脱盐率为负值,各土层平均电导率值在生育期内增大。

3. 生育期内不同微生物菌剂对土壤全盐量的影响

枸杞不同生育期内不同微生物菌剂对土壤全盐量的影响如图 3-3 所示。由图 3-3 可知,在枸杞春梢生长期,CK 和 J1 处理全盐含量均在 0～30 cm 土层呈下降趋势,CK 处理在 30～100 cm 土层的土壤全盐含量略有增加,而 J1 处理在 30～80 cm 土层下降,在 80～100 cm 土层增加。J2 和 J3 处理土壤含盐量均在 10～20 cm 土层呈增大趋势,在 20～100 cm 土层波动。

在开花期,J1 处理在 0～100 cm 土层的土壤平均全盐量大于其他处理。CK 和 J3 处理在 10～20 cm 土层增大,在 20～40 cm 土层减小。CK 处理在 40～100 cm 土层全盐量增加,J3 处理在 40～100 cm 土层土壤全盐量降低。J1 和 J2 处理土壤全盐量均在 0～40 cm 土层增大,在 40～80 cm 土层呈下降趋势。

在果实膨大期,J3 处理在 0～100 cm 土层全盐含量无明显变化,比较平缓。在 0～40 cm 土层,J1 处理的土壤全盐量大于其他处理;在 40～100 cm 土层,J1 和 J2 处理的土壤全盐量呈先增加后减小趋势。在夏盛果期和落叶期,各处理的土壤全盐量均呈现出规律的变化,各处理土壤全盐量均在 10～20 cm 土层明显降低。各处理在夏盛果期,土壤全盐量在 20～40 cm 土层增加,在 40～100 cm 呈下降趋

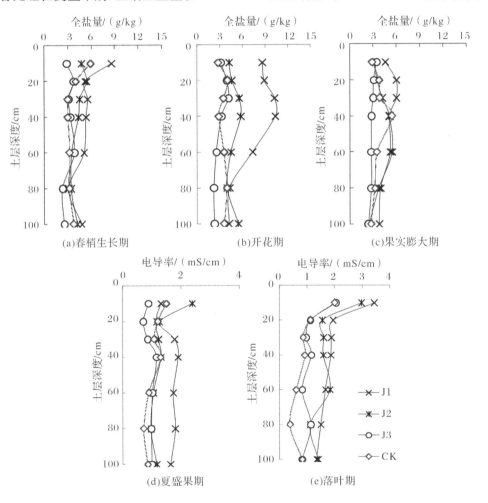

图 3-3　不同生育期微生物菌剂对土壤全盐量的影响

势,J1 处理的平均含盐量高于其他处理。落叶期各处理的全盐量在 20～100 cm 土层呈现不规则的变化。

　　整体分析看,从枸杞春梢生长期到夏盛果期,J1 处理的各土层平均全盐量较其他处理下降幅度最大,脱盐率最高,为 29.5%;J2 次之,为 18.5%;J3 脱盐率最低,为 6.8%。

3.1.2　生育期内不同微生物菌剂对土壤 pH 值的影响

　　枸杞生育期内不同微生物菌剂对土壤 pH 值的影响如图 3－4 所示。由图 3－4 可知,在枸杞春梢生长期,J1 和 J2 处理的土壤 pH 值在 0～40 cm 土层呈降低趋势,在 40 cm 处达到最小值;在 40～80 cm 土层呈增大趋势;J3 处理在各土层变换规律不明显,CK 处理的 pH 平均值大于其他处理,随土层深度增加呈先减小后增加再减小的趋势。开花期不同处理各土层 pH 值变化较小,各处理土壤 pH 值均在 0～30 cm 土层减小,在 30～80 cm 土层呈增大趋势,但 J3 处理土壤 pH 值在 60～100 cm 呈显著下降趋势。果实膨大期 CK 处理各土层 pH 值高于其他处理,与春梢生长期规律类似。各处理土壤 pH 值均在 0～40 cm 土层减小,除 J3 外,J1 和 J2 处理土壤 pH 值在 40～100 cm 土层略有增加,而 J3 处理呈先增后减再增的趋势。夏盛果期 CK 处理各土层 pH 值高于其他处理,J1 处理波动较大,J2 和 J3 处理在 40～80 cm 呈显著增大趋势,在 80～100 cm 土层降低。落叶期 CK 处理 pH 值较大,高于其他处理,J1 和 J2 处理在 10～20 cm 土层呈增加趋势,J3 处理波动较大。从春梢生长期到夏盛果期,J3 处理各土层 pH 值降幅较大,脱盐率为 1.7%;J1 次之,为 0.1%;J2 处理土壤 pH 值反而有所升高。

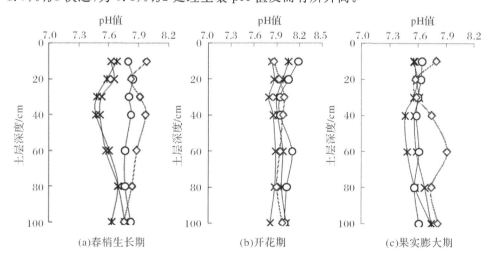

(a)春梢生长期　　　　　(b)开花期　　　　　(c)果实膨大期

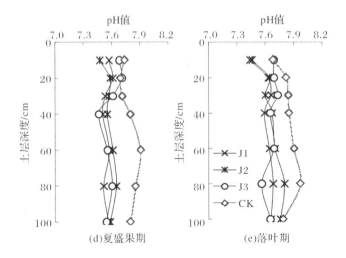

图 3－4　不同生育期微生物菌剂对土壤 pH 值的影响

3.2　基于环保型化学改良剂与微生物菌剂配施盐碱地地力提升

本节主要基于环保型化学改良剂及微生物菌剂的盐碱地地力提升试验,开展试验结果的统计分析,集成基于环保型化学改良剂与微生物菌剂的盐碱地地力提升技术。根据研究区已有的科研成果,本节在研究环保型化学改良剂与微生物菌剂提升盐碱地地力时,主要选取的指标为土壤有机质、全氮、速效磷、全钾等的含量。

3.2.1　环保型化学改良剂与微生物菌剂配施对土壤有机质含量的影响

环保型化学改良剂与微生物菌剂配施对土壤有机质含量的影响如图 3－5 所示。由图 3－5 可知,在春梢生长期、开花期和夏盛果期,CK 处理的土壤有机质含量均在 20～40 cm 土层显著下降,在 40～100 cm 土层呈下降趋势。春梢生长期和开花期,T 处理在 20～60 cm 土层呈先降后增趋势,在 40 cm 土层土壤有机质含量达到最大值,分别为 7.6 g/kg 和 10.1 g/kg。夏盛果期,T 和 CK 处理均在土壤表层土壤有机质含量出现最大值,为作物生长提供了基本的营养物质。果实膨大期和落叶期的土壤有机质含量呈不规律的变化。在落叶期,T 处理和 CK 处理不同土层土壤有机质含量有明显区别;在 0～70 cm 土层 T 处理的土壤有机质含量大于 CK 处理,表层土壤有机质含量较大,可以为植物提供充足的养分;在 70～100 cm 土层,CK 处理的土壤有机质含量大于 T 处理。

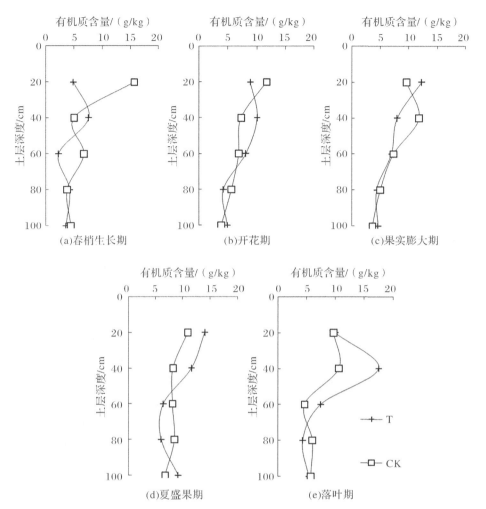

图 3-5 不同生育期环保型化学改良剂与微生物菌剂配施对土壤有机质含量的影响

3.2.2 环保型化学改良剂与微生物菌剂配施对土壤全氮含量的影响

由图 3-6 可知,在春梢生长期,T 和 CK 处理在不同土层的土壤全氮含量呈现不同变化趋势。CK 处理土壤全氮含量在 20~60 cm 土层呈先降后增趋势,而 T 处理全氮含量在 20~60 cm 土层呈先增后减趋势。在开花期,T 和 CK 处理的土壤全氮含量在 0~100 cm 土层呈下降趋势。在果实膨大期,土壤全氮含量在 0~100 cm 土层整体呈下降趋势,CK 处理各土层平均全氮含量大于 T 处理。在夏盛果期,土壤全氮含量 0~100 cm 土层整体仍呈下降趋势,但该生育期 T 处理各土层平均全氮含量(0.41 g/kg)大于 CK 处理(0.37 g/kg),说明 T 处理土壤逐渐

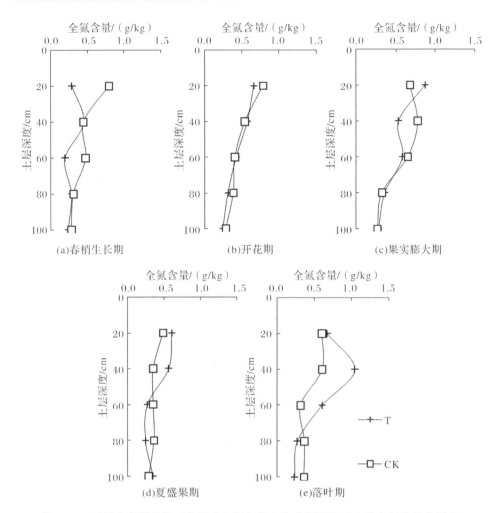

图3-6 不同生育期环保型化学改良剂与微生物菌剂配施对土壤全氮含量的影响

积累了全氮。在落叶期，土壤全氮含量变化规律与土壤有机质含量变化规律类似。在0~70cm土层，T处理的土壤全氮含量大于CK处理，土壤浅层的全氮含量较高，可为作物生长提供充足的养分；在70~100cm土层，CK处理的土壤全氮含量大于T处理。

3.2.3 环保型化学改良剂与微生物菌剂配施对土壤速效磷含量的影响

环保型化学改良剂与微生物菌剂配施对土壤速效磷含量的影响如图3-7所示。由图3-7可知，在枸杞春梢生长期，CK处理土壤表层（0~20cm）的速效磷含量较高，而在20~40cm土层呈显著的下降趋势，在40~100cm土层继续呈下

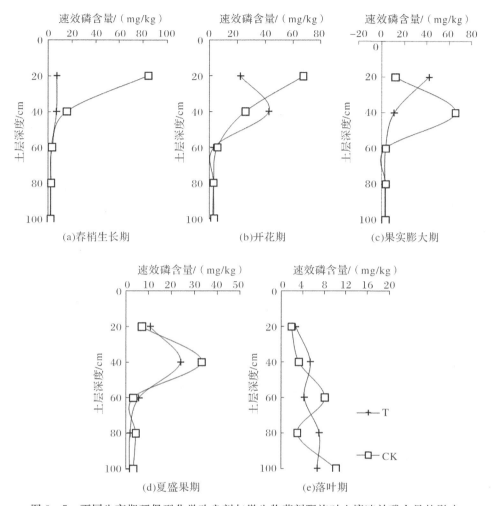

图 3-7　不同生育期环保型化学改良剂与微生物菌剂配施对土壤速效磷含量的影响

降趋势。T 处理的土壤速效磷含量在 0～100 cm 土层呈下降趋势。在枸杞开花期,CK 处理的土壤速效磷整体呈降低趋势,且在 20～60 cm 土层速效磷含量下降幅度最大,而 T 处理在 20～100 cm 土层速效磷含量呈先增后降的趋势,在 40 cm 土层速效磷含量达到最大值,为 42.7 mg/kg。CK 处理的土壤速效磷含量在果实膨大期和夏盛果期呈现相同的变化规律,均在 20～40 cm 土层速效磷含量呈增大趋势,在 40 cm 土层处达到最大值,在 40～60 cm 土层呈明显的降低趋势,在 60～100 cm 土层维持平稳。在枸杞果实膨大期,T 处理的各土层速效磷含量呈现下降趋势,在 20 cm 土层达到最大值,为 41.9 mg/kg,在 20～60 cm 土层呈显著下降趋势,在20~40 cm和40~60 cm土层分别下降了74.0%和68.8%,在60~100 cm土层基本维持平衡。在枸杞夏盛果期,T处理和CK处理呈现相同的变化规律,土壤速效磷含量最大值在40 cm土层处。落叶期的T处理和CK处理的土壤速效磷含量呈现不规律的变化趋势,但两种处理下的各土层的速效磷含量的平均值基本相等,T处理和CK处理均为5.3 mg/kg。

3.2.4　环保型化学改良剂与微生物菌剂配施对土壤全钾含量的影响

环保型化学改良剂与微生物菌剂配施对土壤全钾含量的影响如图3-8所示。由图3-8可知,在枸杞春梢生长期,CK处理土壤全钾含量随土层深度增加呈降低趋势,T处理呈现先增后降再增的趋势,在40 cm土层出现最大值,为18.2 g/kg,在60 cm土层处出现最小值,为13.6 g/kg。在枸杞开花期,不同土层T处理的土壤全钾含量均高于CK处理,T处理下的土壤全钾含量在20~40 cm土层略有增加趋势,增加了7.0%,在40~60 cm土层降低,降低了4.6%,在60~100 cm土层全钾含量维持不变。CK处理土壤全钾含量在20~40 cm土层维持不变,在40~60 cm土层全钾含量增大,在60~100 cm土层全钾含量降低。在枸杞果实膨大期,T和CK处理土壤全钾含量波动较大,在20~40 cm土层全钾含量下降,在40 cm土层达到最小值,T和CK处理的全钾含量最小值分别为6.3 g/kg和11.9 g/kg,在40~60 cm土层全钾含量增大。T处理在60~100 cm土层土壤全钾含量下降,而CK处理在60~100 cm土层全钾含量呈先降后增趋势。在枸杞夏盛果期,T处理土壤全钾含量最大值出现在土壤表层,为15.1 g/kg,在20~60 cm土层下降,在

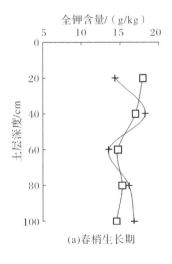

(a)春梢生长期

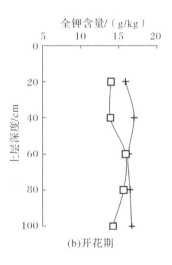

(b)开花期

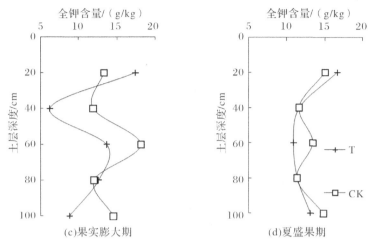

图 3-8　不同生育期环保型化学改良剂与微生物菌剂配施对土壤全钾含量的影响

60 cm土层达到最小值,为 11.0 g/kg,在60~100 cm土层全钾含量缓慢增加。CK处理在0~100 cm土层波动较大,其变化规律与果实膨大期中 CK 的变化规律类似,全钾含量在 20~40 cm 土层下降后在 40~60 cm 土层增大,在 60~100 cm 土层全钾含量呈先降后增趋势。

上述单独分析了枸杞生育期内环保型化学改良剂与微生物菌剂配施的土壤养分在土层内的变化规律,为更加直观地分析施入环保型化学改良剂与微生物菌剂后土壤养分变化规律,在此按照枸杞生育期绘制土壤养分指标的变化趋势图,如图 3-9 所示。由图 3-9 可知,T 处理土壤有机质和全氮含量在生育期内呈增加趋势,落叶期较春梢生长期分别提高了98.4%和94.5%,而 CK 处理土壤有机质含量仅提高 2.7%,土壤全

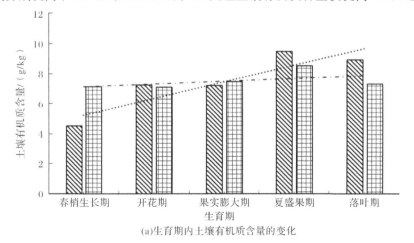

(a)生育期内土壤有机质含量的变化

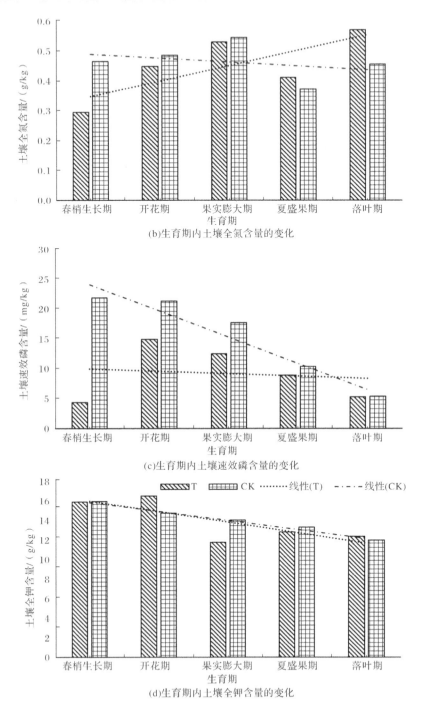

(b)生育期内土壤全氮含量的变化

(c)生育期内土壤速效磷含量的变化

(d)生育期内土壤全钾含量的变化

图3-9 生育期内环保型化学改良剂与微生物菌剂配施对土壤养分指标的影响

氮含量却下降了 1.9%。CK 处理土壤速效磷含量在全生育期下降了 75.4%,而 T 处理却增加了 23.0%。T 处理和 CK 处理在全生育期的土壤全钾含量的变化差异不显著,CK 处理下降了 24.8%,而 T 处理下降了 22.3%,略低于 CK 处理。

3.3　基于环保改良剂与微生物菌剂配施盐碱地地力提升集成技术

内蒙古河套灌区蒸降比大于 10,引黄灌溉造成土壤次生盐渍化严重,水资源利用率低,作物产量不高。本研究以枸杞为供试植物,以缓解土壤次生盐渍化、提升地力为目的,筛选适宜河套灌区的环保型土壤改良剂与微生物菌剂,缓解淡水资源短缺、土壤次生盐渍化严重的农业种植难题,实现抑盐与提升地力的目标,将咸淡水轮灌技术、环保型化学改良剂与微生物菌剂优化组合作为地力提升的核心技术,将选苗、激光平地、剪枝、病虫害防治和采收技术联合应用等作为相应的配套技术,形成适合内蒙古河套灌区枸杞种植灌溉、盐渍化土壤地力提升集成技术模式,为河套灌区盐碱地土壤改良提供理论依据与技术支撑。

3.3.1　基于环保改良剂与微生物菌剂配施盐碱地地力提升的核心技术

1. 核心技术(一)

根据团队已有研究成果,采用畦灌的灌溉方式,筛出"淡咸咸"轮灌模式为较优的灌溉模式,枸杞生育期共灌溉 3 次,灌水量为 225 mm。第 1 次灌溉在枸杞开花初期,灌溉黄河水,矿化度为 0.608 g/L,灌溉量为 75 mm,补充枸杞关键生育期的水分需求,促进水肥的有效传输,避免土壤盐分对枸杞生长的抑制;第 2 和 3 次灌溉分别在枸杞果实膨大期和夏盛果期,灌溉地下微咸水,矿化度为 3.84 g/L,灌溉量均为 75 mm。灌溉微咸水会使土壤毛细管比例增加,土壤导水能力降低,入渗受抑,且适宜的土壤高盐分含量可提高枸杞品质。秋浇灌溉黄河水压盐,为第二年做准备。

2. 核心技术(二)

通过田间试验发现,环保型化学改良剂磷石膏与含有腐殖酸成分的微生物菌剂不二菌碳配施能显著提高盐碱地地力。在枸杞生育期初期,使用旋耕机旋耕,并施加磷石膏,充分旋耕,磷石膏使用量约为 1500 千克/亩;在枸杞灌溉时,冲施微生物菌剂不二菌碳,其使用量为 5 千克/亩,枸杞生育期内灌水 3 次,冲施微生物菌剂 3 次。将化学改良剂与微生物菌剂联合施入土壤,可有效调控土壤盐分含量,提升土壤有机质和全氮含量,维持速效磷含量提升盐碱地地力。

3.3.2　基于环保改良剂与微生物菌剂配施提升盐碱地地力的配套技术

1. 选苗技术

对比当地多种枸杞幼苗,参考当地种植管理模式,综合筛选。测试枸杞幼苗的发芽率,评价其耐旱寒、耐盐碱及后期枸杞生长性状,综合枸杞百粒重、亩产量、经济效益等指标,选择枸杞幼苗为宁杞1号。

2. 激光平地技术

前一年枸杞收获后,用深翻犁翻耕,并用旋耕机将耕地翻整好,第二年开春采用激光平地机进行土地找平,即在拖拉机的带动下将刀铲放置水平状态,整块耕地平整度标准差为±2 cm,开动拖拉机从地的一侧开始以转圈的方式向地中央出发,土地的高低落差通过铲刀进行调整。耕种前进行激光平地,该操作简单、精度高,可提高农田水分生产率和灌水效率,抑制土壤盐碱化,促进枸杞高产。

3. 剪枝技术

通常采用剪、截、留、扭梢、摘心、抹芽等措施,实现植物整形修剪的工作。枸杞的修剪与补形主要分为春季修剪、夏季修剪、秋季修剪和休眠期修剪,主要是对枝条进行去旧留新,弥补树冠的缺空,保持和建立一个稳固、圆满、结果面大的丰产树形。

4. 病虫害防治技术

枸杞病害主要有黑果病和白粉病。黑果病主要危害花(蕾)及青果,被感染后出现多数黑点、褐斑或黑色网纹,蔓延迅速。防治方法:结合冬季剪枝,清除树上黑果、病枝及落叶、落果,烧毁或深埋。发病期喷1:1:120波尔多液或50%可湿性退菌特1200倍液,每隔5～7天喷1次,连续3～4次。

枸杞白粉病危害叶片,一般发生在多雨地区或季节。防治方法:用45%硫黄胶悬剂200～300倍液喷雾,每亩用量30～35毫升;或用50%退菌特600～800倍液喷雾,每隔10天喷1次,连续3～4次。

枸杞虫害主要有枸杞蚜虫、木虱和负泥虫。枸杞蚜虫以卵在枝条腋芽及糙皮处越冬,危害嫩枝、嫩叶和幼果,其吸取汁液,使树势减弱,果实瘦小,新芽萎缩,不能开花结果。防治方法:用40%氧化乐果与80%敌敌畏同体积混合,加水稀释至100倍,大树喷药150～200千克/亩,小树喷药75～100千克/亩;或用2.5%溴氢菊酯700～1000倍液喷雾;或20%杀灭菊酯500～600倍液喷雾。

枸杞木虱危害叶片。防治方法:枸杞萌芽时,用80%敌敌畏800倍液喷洒树冠和周围环境以防治成虫,每亩地用 75～100 千克。

枸杞负泥虫啃食叶肉。防治方法:枸杞萌芽时,成虫为害严重,用 2.5% 敌杀死 800～1000 倍液喷雾,每亩地用量 75～100 千克。果期为害时,用 20% 速灭杀丁 600 倍液喷雾,每亩地用量 100 千克。

5.采收技术

枸杞果实成熟八九成(红色)时要及时采收,防止落地。要求轻采、轻拿、轻放。下雨天或刚下过雨不宜采摘,早晨待露水干后采摘,喷洒农药不到安全间隔期禁止采摘。采回的鲜果及时撒入小苏打,以便于枸杞快速析出水分,且将鲜果均匀地铺平于果栈上,厚度 2～3 cm,置于阳光下自然干燥,或于烘房烘干。切忌淋雨。

综上所述,基于环保改良剂磷石膏与微生物菌剂不二碳菌配施提升盐碱地地力的两项核心技术,配套相应的地力提升技术,构成了河套灌区盐碱地地力提升的技术模式,如表 3-1 所示。

表 3-1　河套灌区盐碱地地力提升技术模式

生育期 (4月—10月)		萌芽期	春梢 生长期	开花初期	果实 膨大期	夏盛果期	落叶期
枸杞外部形态 生长指标							
主攻目标		早出芽、多生根、防虫	剪枝、壮叶、防虫	适时浇水、施肥、除草除虫	水肥管理、防虫	除草除虫、适时收获、晾晒	秋浇压盐
核心 技术	灌水 技术			淡水 75 mm	咸水 75 mm	咸水 75 mm	秋浇
	盐碱地 地力提 升技术	在枸杞生育期初期使用旋耕机施加磷石膏,使用量为 1500 千克/亩;在枸杞灌水时冲施微生物菌剂不二菌碳,使用量为 5 千克/亩,枸杞生育期内灌水 3 次,冲施微生物菌剂 3 次					
配套 技术		选苗技术、激光平地技术、剪枝技术、病虫害防治技术和采收技术					

	耕整土地 ⇒	移栽 ⇒	除草除虫 ⇒	灌水追肥 ⇒	收获
枸杞种植收获流程图	打磨土地：在进行翻地后，静置几天，待到枸杞移栽前一周进行打磨土地。同时将磷石膏翻入土壤，施加量为1500千克/亩。激光平地：激光平地技术三年进行一次，使用激光平地机将土地进行平整，方便灌水均匀，水分得到高效利用	移栽：均选取宁杞1号为试验材料，在枸杞发芽期选择适宜的天气移栽枸杞。施加基肥：在枸杞萌芽期之前施加基肥，具体为施加有机肥2000千克/亩，氮肥24~26千克/亩，磷肥20~22千克/亩，钾肥15~18千克/亩	在枸杞全生育期进行除草措施，注意观察枸杞病虫害状况，进行人工喷洒农药，主要防治当地常发生的蚜虫、木虱等病虫害。在喷洒农药时要避免正午喷洒，尽量选择在下午时间	枸杞开花初期(5月20日—5月25日)进行第一次灌水和施加微生物菌肥；枸杞果实膨大期(6月25日—6月30日)进行第二次灌水和施加微生物菌肥；枸杞夏盛果期(7月15日至7月20日)进行第三次灌水和施加微生物菌肥	枸杞果实成熟八九成(红色)时及时进行人工采摘，防止落地。在采回的鲜果中及时均匀撒入小苏打，将鲜果均匀地铺平于果栈上，置于阳光下自然干燥，或于烘房烘干
管理技术	检查播种机、旋耕机等农业机具的完好情况，统一施加基肥及磷石膏	春梢生长期根据当地气候与土壤条件遇旱时统一进行淡水灌溉。灌溉时严格按照"淡咸咸"轮灌操作程序进行	果实膨大期、夏盛果期统一灌溉，确保生育期水分的需求。果实膨大期、夏盛果期施微生物菌肥。及时除草除虫	及时收获枸杞果实，攻籽粒、攻粒重、夺高产。发现病虫害统一进行治理	清理枸杞园，准备秋浇

第4章

节水控盐措施下种植耐盐植物
对盐碱地改良的影响

国内外学者针对上膜、下秸、暗管排水排盐的节水控盐技术开展了大量的研究,取得了一定成效。但关于不同节水控盐措施耦合种植耐盐植物、改良盐碱地和间作盐生植物改良效果影响的研究较少,且对适用于河套灌区的耐盐植物的抗盐机理鲜见报道。因此,本章主要以上膜下秸、上膜+暗管节水控盐技术为切入点,开展河套灌区节水控盐措施下耐盐植物抗盐机理及二次开发利用的试验,并持续监测该综合措施对盐碱地改良的影响,最终构建优化组合的河套灌区盐碱地治理的集成技术体系。本章的研究成果对灌区的盐碱化治理和农业可持续发展具有重要的现实意义。本章主要内容如下:

1.种植不同耐盐植物改良盐碱地机理研究

开展耐盐植物对盐碱地理化性质、土壤养分等影响的研究,阐述耐盐植物改良盐碱地机理,筛选出适合河套灌区改良盐渍土的优良耐盐植物,并进行二次开发利用,形成盐碱地抗盐高产高效种植技术,开展工程示范。

2.基于节水控盐措施耐盐植物对盐碱地改良的影响

本章的试验设置上膜下秸和上膜+暗管的节水控盐处理,种植耐盐植物(苜蓿、苏丹草),开展基于节水控盐技术耐盐植物抗盐机理及二次开发利用的研究,揭示其抗盐机理,为构建抗盐高产高效种植技术奠定基础。

3.构建适宜河套灌区盐碱地治理的集成技术体系

综合节水控盐、环保型盐碱地治理剂、耐盐植物筛选和暗管工程装备技术,并进行优化组合,形成适用于河套灌区盐碱地治理的集成技术体系。

4.1　种植不同耐盐植物对盐碱地改良效果的影响

本节基于试验二：不同耐盐植物抗盐机理试验，开展耐盐植物对改良盐碱地机理的研究，基于土壤-植物系统筛选适合河套灌区改良盐渍土的优良耐盐植物，并进行二次开发利用，形成耐盐植物改良盐碱地治理工程示范。

4.1.1　不同耐盐植物生长状况

株高是描述植物生长发育状态的生理指标之一。不同生育期各耐盐植物株高变化如表 4-1 所示。由表 4-1 可知，生长初期，除枸杞苗移植自有高度，甜高粱株高较苏丹草和苜蓿高 5.1%、51.4%（$P<0.05$）；拔节期，各耐盐植物生长加速，苏丹草株高增速最快，株高较生长初期高 241.1%，枸杞为 11.2%。生长旺盛期，苏丹草株高为 128.64 cm，高于其他耐盐植物，株高较甜高粱、苜蓿、枸杞分别高 7.4%、233.6%、116.1%（$P<0.05$）。收获期，各耐盐植物株高达到最高值，苏丹草最高，为 233.50 cm，甜高粱次之，为 229.31 cm，苜蓿、枸杞生长较缓慢，收获期苜蓿平均株高仅为 55.20 cm，但地面覆盖度较高，达到 95% 以上，而收获期枸杞平均株高为 66.80 cm，地面覆盖度相对较差。

表 4-1　不同耐盐植物全生育期株高

耐盐植物	株高/cm			
	生长初期	拔节期	生长旺盛期	收获期
甜高粱	16.40	48.60	119.73	229.31
苏丹草	15.60	53.21	128.64	233.50
苜蓿	10.83	26.98	38.56	55.20
枸杞	48.30	53.69	59.54	66.80

不同耐盐植物全生育期株高生长速率随生育期推移的变化规律如图 4-1 所示，由图 4-1 可知，各耐盐植物不同生育期株高生长速率存在较大的差异。不同耐盐植物的株高生长速率均在生长旺盛期最大，苗期株高生长速率次之，这是因为苗期和收获期气温相对降低，导致植物光合速率减慢。各耐盐植物在中重度盐碱地的适应性不同，表现出甜高粱、苏丹草、苜蓿的株高生长速率要高于枸杞。生长初期，甜高粱株高生长速率高于其他耐盐植物，分别较苏丹草、苜蓿、枸杞提高了 0.04 cm·d^{-1}、0.48 cm·d^{-1}、0.62 cm·d^{-1}；生长旺盛期，苏丹草株高生长速率最

大,甜高粱次之,苏丹草、甜高粱生长速率分别达到 1.56 cm·d⁻¹、1.42 cm·d⁻¹。苏丹草全生育期平均株高生长速率最高,比甜高粱、苜蓿、枸杞分别高 5.0%、127.3%、262.3%($P<0.05$)。

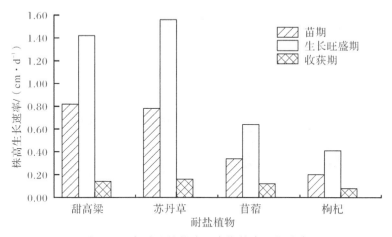

图 4-1 各耐盐植物全生育期株高生长速率

4.1.2 不同耐盐植物对土壤盐分的影响

1.不同生育期耐盐植物对土壤全盐量的影响

不同生育期耐盐植物对土壤全盐量的影响如图 4-2 所示。由图 4-2 可知,盐碱地种植耐盐植物可降低根层土壤含盐量,但不同耐盐植物产生的影响存在差异。苗期,苏丹草和苜蓿处理土壤全盐含量随土层加深呈下降趋势,CK 和甜高粱处理全盐含量均在 0~40 cm 土层下降,在 40~60 cm 含盐量略有增加,枸杞处理全盐量最大值出现在 20~40 cm 处;各处理 60~100 cm 全盐含量均下降。生长旺盛期,各处理全盐含量随土层加深呈下降趋势,不同处理盐分聚集程度不同。苜蓿和枸杞处理土壤盐分在 0~40 cm 土层有聚集现象,最大值在 20~40 cm,分别为 4.89 g/kg、4.94 g/kg。甜高粱、苏丹草及 CK 处理含盐量最大值出现在 0~20 cm,分别为 4.98 g/kg、5.32 g/kg、6.25 g/kg。收获期,各处理不同土层盐分分布差异较大。甜高粱处理土壤盐分在 0~60 cm 土层聚集,最大值为 3.54 g/kg,60~100 cm 盐分含量逐渐降低。苏丹草含盐量最大值出现在 60~80 cm,最大值为 3.47 g/kg,80~100 cm 土层含盐量较其他处理低。苜蓿和枸杞含盐量最大值出现在 0~20 cm 处,分别为 3.66 g/kg、3.89 g/kg,且含盐量随土层深度的增加而降低。CK 处理各土层含盐量总体呈下降趋势。

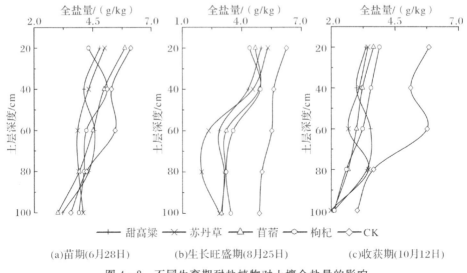

图 4-2　不同生育期耐盐植物对土壤全盐量的影响

不同耐盐植物在各生育阶段的脱盐效果较 CK 处理有显著差异。苗期到生长旺盛期[见图 4-2(a)、(b)]，耐盐植物处理脱盐效果由高到低的依次为：苏丹草＞苜蓿＞甜高粱＞枸杞处理，平均脱盐率分别达到 19.2％、14.9％、13.0％、9.6％（$P<0.05$），CK 处理生长旺盛期平均含盐量较苗期升高，产生积盐，积盐率为 10.7％。植物生长旺盛期到收获期[见图 4-2(b)、(c)]，不同耐盐植物处理脱盐效果由高到低依次为：苜蓿＞枸杞＞甜高粱＞苏丹草处理，脱盐率分别为 22.8％、21.4％、15.9％、14.2％。从苗期到收获期[见图 4-2(a)、(c)]，各处理的不同土层深度的盐分均有不同程度的降低，不同耐盐植物处理脱盐效果由高到低依次为：苜蓿＞苏丹草＞枸杞＞甜高粱处理，脱盐率分别达到 34.3％、30.6％、29.0％、26.8％（$P<0.05$），CK 处理脱盐率最低，仅为 5.0％。这说明通过种植适生耐盐碱植物可显著降低土壤含盐量。

2. 不同耐盐植物对盐碱地 SO_4^{2-} 溶脱率的影响

本研究所选的试验区域为中重度盐碱地，土壤盐分离子组成中以 SO_4^{2-} 为主，种植不同耐盐植物对盐碱地 SO_4^{2-} 溶脱率的影响如图 4-3 所示。种植不同耐盐植物，0～100 cm 土层 SO_4^{2-} 含量均显著降低，四种耐盐植物 SO_4^{2-} 脱除效果总体呈随土层深度增加而下降的趋势。苜蓿处理土壤 SO_4^{2-} 含量降幅最大，0～40 cm 土层尤其明显，溶脱率分别较甜高粱、枸杞、苏丹草高 91.8％、66.1％、16.9％（$P<0.05$）。苏丹草处理 0～100 cm 各土层 SO_4^{2-} 含量降幅仅次于苜蓿。甜高粱处理各土层 SO_4^{2-} 溶脱率均小于其他植物。

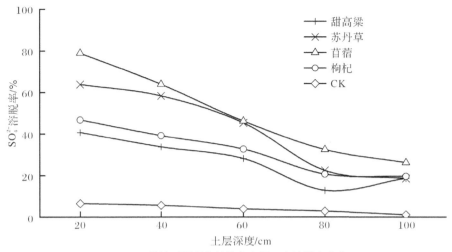

(a)种植不同耐盐植物各土层SO$_4^{2-}$溶脱率变化

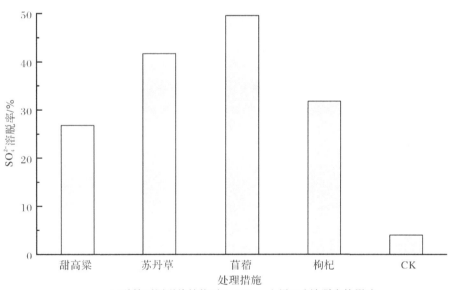

(b)种植不同耐盐植物对0~100 cm土层SO$_4^{2-}$溶脱率的影响

图 4-3　种植不同耐盐植物对土壤 SO$_4^{2-}$ 溶脱率的影响

分析图 4-3(b)发现,从苗期到收获期,种植甜高粱、苏丹草、苜蓿和枸杞后的土壤 SO_4^{2-} 含量下降趋势明显高于 CK,且四种耐盐植物的 0~100 cm 土层 SO_4^{2-} 平均溶脱率差异较大。通过分析得知,各处理 0~100 cm 土层 SO_4^{2-} 平均溶脱率降低幅度大小依次为:苜蓿＞苏丹草＞枸杞＞甜高粱＞CK,溶脱率分别为 49.6%、41.7%、31.8%、26.8%和 4.0%。

3. 种植耐盐植物对盐碱地 Cl^- 溶脱率的影响

图 4-4 是种植不同耐盐植物对土壤 Cl^- 溶脱率的影响。由图 4-4 可知,种植耐盐植物可使 0~100 cm 土壤中的 Cl^- 含量下降,Cl^- 溶脱率随土层深度增加而逐渐下降。苜蓿处理 0~20 cm 土层 Cl^- 的溶脱率最高,分别较枸杞、甜高粱、苏丹草高 17.4%、10.6%、1.8%($P<0.05$),苜蓿在 20~40 cm 土层 Cl^- 的溶脱率分别较甜高粱、枸杞、苏丹草高 24.2%、20.5%和 5.1%($P<0.05$)。苏丹草收获后,每一层土壤的 Cl^- 溶脱效果均比甜高粱和枸杞好,60~80 cm 土层 Cl^- 的溶脱率均高于苜蓿。

各耐盐植物在整个生育期 0~100 cm 土层 Cl^- 平均溶脱率差异较大,如图 4-6(b)所示。苏丹草从苗期到收获期的土壤 Cl^- 脱除效果优于其他三种植物及 CK 处理,种植苏丹草处理 0~100 cm 土壤 Cl^- 平均溶脱率达 47.1%($P<0.05$),种植苜蓿、枸杞、甜高粱处理平均溶脱率分别为 44.4%、38.8%、34.7%。

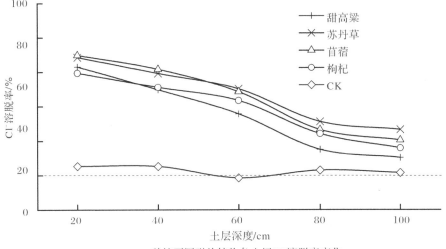

(a)种植不同耐盐植物各土层Cl⁻溶脱率变化

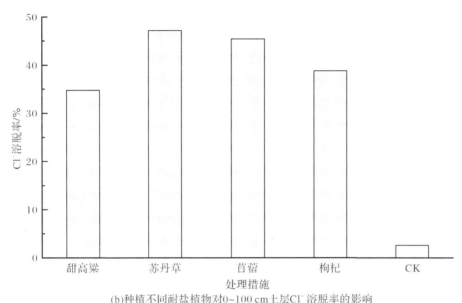

(b)种植不同耐盐植物对0~100 cm土层Cl⁻溶脱率的影响

图 4-4　种植不同耐盐植物对土壤 Cl⁻ 溶脱率的影响

4.1.3　种植耐盐植物对盐碱地有机质含量的影响

土壤有机质是土壤中氮、磷等营养元素的重要来源,是影响土壤可持续利用的重要物质基础。土壤有机质特有的组成和性质决定了其在土壤中的重要作用,不仅可以调节土壤养分,改善土壤理化性质,且在一定范围内,土壤有机质含量越高,土壤肥力越高;反之,土壤肥力越低。种植不同耐盐植物对盐碱地耕作层土壤有机质的影响如图 4-5 所示。由图 4-5 可知,与 CK 处理相比,在盐碱地上种植耐盐植物增加了土壤有机质含量,改善了土壤养分情况。种植苜蓿的盐碱土有机质含量提升最为显著,0~20 cm 土层有机质含量大小依次为:苜蓿＞甜高粱＞苏丹草＞枸杞。收获期,苜蓿处理的土壤有机质含量较甜高粱、苏丹草、枸杞、CK 处理分别高 16.3%、16.6%、18.7%、45.4%($P<0.05$)。

综上,通过分析种植不同耐盐植物对盐碱地土壤盐分、土壤盐分离子含量、有机质含量等指标变化的影响发现,种植不同耐盐植物可有效降低耕作层全盐量,且土壤中可溶性盐离子含量减少,显著提高了土壤的有机质含量,土壤化学性质得到改善。相比未种植耐盐植物盐碱地 CK 处理,不同耐盐植物对盐碱地化学性质的影响程度表现为:0~60 cm 土层全盐含量、Cl⁻ 和 SO₄²⁻ 含量均显著降低,0~20 cm 土层有机质含量均显著提高。从生育末期耐盐植物株高角度看,种植苏丹草处理

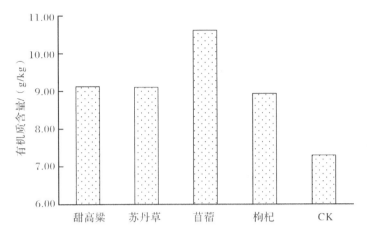

图 4-5　种植耐盐植物对 0～20 cm 土层有机质含量的影响

最优;从降低生育期内土壤全盐量的角度考虑,种植苜蓿处理最优;从降低生育期内土壤 SO_4^{2-} 含量的角度考虑,种植苜蓿处理最优;从降低生育期内土壤 Cl^- 含量的角度考虑,种植苏丹草处理最优;基于土壤有机质含量考虑,种植苜蓿处理的土壤有机质含量最高。综合四种耐盐植物改良盐碱地对株高及土壤化学性质的影响,在此选取苏丹草、苜蓿为最适宜种植的耐盐植物。本项目将在节水控盐措施下种植苏丹草及苜蓿,集成盐碱地抗盐高产高效种植技术并研究其二次饲喂开发利用价值,形成耐盐植物改良盐碱地治理工程示范。

4.2　节水控盐措施下耐盐植物改良盐碱地效果研究

节水控盐措施下耐盐植物改良盐碱地效果研究基于试验三,分别从土壤水盐含量、牧草指标、饲草品质指标等方面分析研究结果,揭示综合措施改良盐碱地机理,为构建抗盐高产高效种植技术奠定基础。

4.2.1　节水控盐措施下种植耐盐牧草对土壤水盐含量的影响

1. 不同节水控盐措施对土壤含水率的影响

土壤水分是影响作物生长的重要参数及养分输送的重要媒介。在上膜下秸与上膜下暗管两个节水控盐技术处理下,不同土层深度的土壤含水率呈阶段性重复变化。灌水前土壤含水率降低,灌水后升高。因灌区春灌量较大,灌溉后地下水位迅速升高,利用暗管可将土壤水分与盐分排出土体,而秸秆隔层可阻隔盐随水上行,故暗管排水及秸秆隔层对土壤水盐运移规律有显著的影响。

不同节水控盐措施下各阶段土壤剖面含水率变化特征如图 4-6 所示。由图 4-6 可知,春灌对上膜下秸与上膜下暗管措施的土壤水分含量影响较大,春灌后土壤各层含水率显著增加,其中表层土壤含水率增幅最大,为 24.9%～49.4%,这是因为覆盖地膜农艺节水技术,可以明显减少土壤表层水分蒸发。上膜下秸处理 0～100 cm 土层平均含水率从春灌前 20.5% 提升到春灌后 25.6%,春灌后 40～60 cm 含水率较春灌前平均增加 24.7%($P<0.05$),仅次于表层土壤含水率增幅,这是因为秸秆隔层可有效蓄水,使其相邻土层含水率处于较高值。暗管排水处理 0～100 cm 土层平均含水率从 20.0% 提升到 25.5%,对照区由 16.4% 增加至 19.6%。五个处理春灌前后土壤水分变化率差异不显著,上膜下秸、上膜下暗管处理平均土壤含水率较 CK 处理提高 23.8%～25.5%($P<0.05$)。

牧草生长旺盛期,土壤含水率随土层深度的动态变化规律如图 4-6(c)、(d)所示。由图可知,0～100 cm 土层含水率整体呈现上升趋势,且随作物蒸发蒸腾加强,需水量增加的同时,耗水量也增大,土壤含水率较春灌后显著下降。种植苏丹草的 S1、S2、T1、T2 处理平均含水率分别较春灌后下降 12.7%、10.6%、15.6% 和 14.1%($P<0.05$),种植苜蓿的 S1、S2、T1、T2 处理平均含水率分别较春灌后下降 10.1%、11.3%、16.5% 和 11.3%($P<0.05$)。种植苏丹草的区域,S1 处理含水率集中在 17.0%～25.3%,S2 处理含水率集中在 18.9%～26.2%,T1 处理含水率集中在 17.2%～26.8%,T2 处理含水率集中在 19.1%～25.8%,CK 处理含水率集中在 14.3%～22.4%。S1、S2、T1、T2 四个处理 0～100 cm 平均含水率分别比 CK 高 13.8%、21.8%、12.5% 和 15.7%($P<0.05$),S2 处理最高,含水率为 23.4%,T1 处理最低,含水率为 21.6%。其中,两个上膜下秸处理 20～60 cm 土层含水率均高于上膜下暗管处理。表层土壤 T2 处理含水率最高,为 19.1%,S2 处理次之,为 18.9%。四个处理 60～100 cm 土层含水率较 CK 处理差异不显著。

苜蓿生长旺盛期,S1 处理含水率集中在 18.7%～25.6%,S2 处理含水率集中在 19.1%～26.6%,T1 处理含水率集中在 19.2%～26.3%,T2 处理含水率集中在 20.5%～25.7%,CK 处理含水率集中在 15.0%～22.4%。S1、S2、T1、T2 处理 0～100 cm 平均含水率分别较 CK 处理提高 13.9%、17.5%、8.1%、16.2%($P<0.05$),S2 处理最高,含水率为 23.2%,T1 处理最低,含水率为 21.4%。T2 处理表层土壤含水率最高,为 20.5%,T1 处理次之,为 19.2%。种植苜蓿的四个处理表层土壤含水率均高于种植苏丹草的处理,耕作层以下土壤含水率差异不显著。

在牧草收获期,由于无灌溉和降雨减少,土壤含水率呈显著下降趋势,具体变化如图 4-6(e)、(f)所示。种植苏丹草条件下,S1、S2、T1、T2、CK 处理的土壤含水率分别较生长旺盛期下降 10.8%、12.5%、12.2%、10.1% 和 8.8%,种植苜蓿条

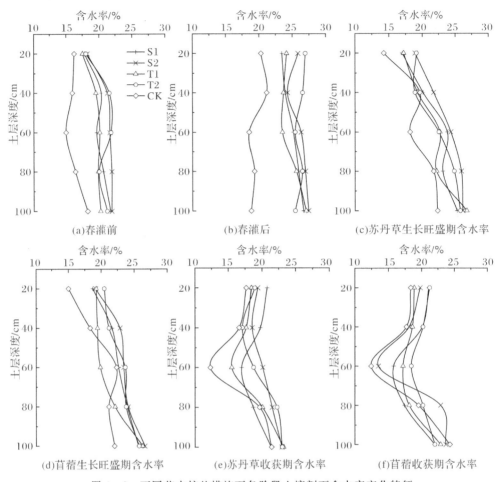

图4-6 不同节水控盐措施下各阶段土壤剖面含水率变化特征

件下 S1、S2、T1、T2、CK 处理的土壤含水率分别较生长旺盛期下降 14.4%、15.6%、10.5%、11.1%和 6.6%($P<0.05$)。种植苏丹草和苜蓿条件下,各处理随着土层深度增加,土壤含水率呈先降后增的趋势。由于地表覆膜,表层土壤含水率保持在 18.4% 至 21.2%之间,含水率最小值出现在 40~60 cm 土层,最大值出现在 80~100 cm 土层。节水控盐措施的土壤含水率均高于 CK 处理,苏丹草种植下的 S1、S2、T1、T2 处理含水率分别较 CK 提高 11.2%、16.9%、8.2%和 14.1%($P<0.05$),苜蓿种植下的 S1、S2、T1、T2 处理含水率分别较 CK 提高 4.4%、6.1%、3.6%和 10.6%($P<0.05$)。

综上,上膜下秸与上膜下暗管的节水控盐措施均可显著提升苏丹草和苜蓿生育期内土壤含水率。春灌对上膜下秸与上膜下暗管措施的土壤含水率影响较大。生长旺盛期,种植苜蓿的四个处理表层土壤含水率均高于种植苏丹草的处理,耕作层以下土壤含水率差异不显著,秸秆所在的土层含水率较高,说明秸秆还田可有效储蓄水分,提高土壤含水率。从牧草播种前到收获期,种植苜蓿的 T2 处理根层平均含水率高于其他处理,种植苏丹草的 S1 处理根层平均含水率高于其他处理。

2.不同节水控盐措施对土壤全盐量的影响

根据田间试验数据采集与整理发现,上膜下秸与上膜下暗管节水控盐措施下种植苏丹草和苜蓿的土壤盐分含量随时间变化如图 4-7 至图 4-10 所示。

0~20 cm 土层是植物播种耕作层,土壤盐分受灌水及温度影响较大。0~20 cm土层含盐量变化如图 4-7 所示,种植苏丹草的各处理全生育期 0~20 cm 土壤含盐量为 2.7~6.4 g/kg,种植苜蓿的各处理土壤含盐量为 2.9~5.7 g/kg。因春季气温逐渐上升,蒸发变得强烈,各处理春灌前土壤盐分均呈表聚型,为了控制根层土壤盐分以满足植物生长需要,利用春灌(4 月 23 日后)进行淋洗压盐。CK处理土壤含盐量高于其他处理,是由于前一年暗管及秸秆试验布置时对土壤的扰动,使 S1、S2、T1、T2 处理的土壤盐含量有所降低。春灌使不同节水控盐处理 0~20 cm 土层含盐量显著下降,平均降幅为 39.6%~21.8%,降幅依次为:T2>T1>S2>S1>CK,其中上膜下暗管处理 T2 处理土壤含盐量降幅显著高于其他处理,上膜下秸处理 S1 和 CK 处理降幅差异不显著。播种期(6 月 7 日)苏丹草种植区各处理 0~20 cm 土壤含盐量为 3.8~6.2 g/kg;种植苜蓿各处理 0~20 cm 土壤含盐量为 3.9~5.4 g/kg。

作物生长季,0~20 cm 土壤含盐量因升温随着水分向上迁移,各处理土壤含盐量呈增加趋势;种植苏丹草各处理 7 月 15 日较 5 月 25 日全盐量增加 10.3%~22.2%,T1 处理增幅最大,S1 最小;种植苜蓿的 T2 处理盐分增幅最大,7 月 15 日较 5 月 25 日含盐量提高 16.2%,显著高于其他处理,S2 处理最低,含盐量提高 6.5%($P<0.05$);牧草种植下上膜下暗管处理全盐量增长率较上膜下秸处理高。在 7 月末对耐盐植物进行了首次刈割,刈割完马上灌水。灌水使土壤表层盐分随水淋洗到深层,各处理盐分显著降低;种植苏丹草的 T2 处理盐分降低 36.1% ($P<0.05$),显著高于其他处理,S1 和 CK 降幅最小,二者差异不显著;种植苜蓿的 T2 处理全盐量降幅最大,T1 处理次之,上膜下暗管处理脱盐效果显著高于上膜下秸处理。生育期末,除种植苏丹草的 S2 和 T1 处理,其他处理 0~20 cm 全盐量均升高。

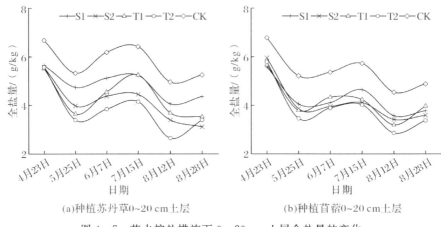

(a)种植苏丹草0~20 cm土层　　　(b)种植苜蓿0~20 cm土层

图4-7　节水控盐措施下0~20 cm土层全盐量的变化

春灌前后各处理20~40 cm土层全盐量变化规律与0~20 cm土层相似,各处理全盐量平均降幅为38.1%~21.1%,降幅大小依次为:T2>T1>S2>CK>S1,CK与S1差异不显著;20~40 cm土层暗管处理脱盐率显著高于秸秆深埋处理(P<0.05)。耐盐植物第一次刈割前,除种植苜蓿S1和S2处理20~40 cm土层全盐量降低外,其他处理全盐量均不同程度提高,秸秆处理20~40 cm土层较暗管处理更有效抑制了土壤返盐。在全生育期,种植苜蓿各处理全盐量较苏丹草下降更多,这和植物地表覆盖密度及内部生理机制有关。

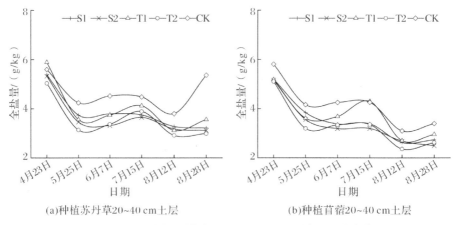

(a)种植苏丹草20~40 cm土层　　　(b)种植苜蓿20~40 cm土层

图4-8　节水控盐措施下20~40 cm土层全盐量的变化

苏丹草种植区域的 40～60 cm 土层各处理全盐量大小依次为:S2＞T2＞S1＞T1,即 S2 处理土壤全盐量最低,较 CK 处理下降了 17.1％($P＜0.05$);T2 处理土壤含盐量较 S2 处理提高了 2.5％($P＞0.05$);S1 处理土壤含盐量较 T2 处理提高了 1.2％;T1 处理土壤含盐量较 S1 处理提高了 3.3％;T1 处理的土壤全盐量较 CK 处理降低了 10.1％($P＜0.05$)。对于苜蓿种植区域,全盐量大小依次为:S2＞S1＞T2＞T1,即 S2 处理全盐量最低,较 CK 处理下降了 24.7％;S1 处理较 S2 处理提高了 3.2％;T2 处理与 S1 处理结果基本一致;T1 处理较 T2 处理提高了 10.3％($P＜0.05$);T1 处理土壤全盐量较 CK 处理降低了 12.4％。

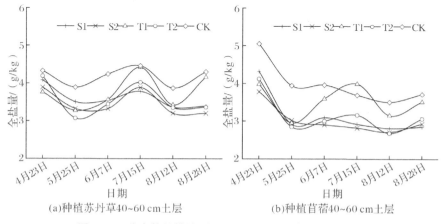

(a)种植苏丹草40～60 cm土层　　　(b)种植苜蓿40～60 cm土层

图 4-9 节水控盐措施下 40～60 cm 土层全盐量的变化

节水控盐措施下 60～100 cm 土层全盐量的变化如图 4-10 所示。苏丹草种植区域的 60～80 cm 土层全盐量大小依次为:T1＞T2＞S2＞S1,T1 处理全盐量最低,较 CK 处理平均降低 13.0％($P＜0.05$);T2 处理较 T1 处理提高了 5.3％($P＜0.05$);S2 处理与 T2 处理结果基本一致;S1 处理土壤含盐量较 S2 处理提高了3.5％;S1 处理全盐量较 CK 处理仅降低 3.7％。对于苜蓿种植区,全盐量大小依次为:T1＞T2＞S2＞S1,T1 处理全盐量最低,较 CK 处理降低了 3.9％($P＞0.05$);S1 处理较 S2 处理提高了 3.2％($P＞0.05$);T2 处理与 S1 处理结果基本一样;T1 处理较 T2 处理提高了 4.7％;S1 处理土壤全盐量不减反增,较 CK 处理提高了 5.9％($P＜0.05$)。

在 80～100 cm 土层,苏丹草种植区域,全盐量大小依次为:T1＞T2＞S1＞S2,即 T1 处理全盐量最低,较 CK 处理下降了 16.0％;T2 处理较 T1 处理提高了5.5％;S1 处理土壤含盐量较 T2 处理提高了 6.3％;S2 处理较 S1 处理提高了2.0％;S1 处理全盐量较 CK 处理降低了 2.7％。苜蓿种植区,全盐量大小依次为:T1＞T2＞S2＞S1,

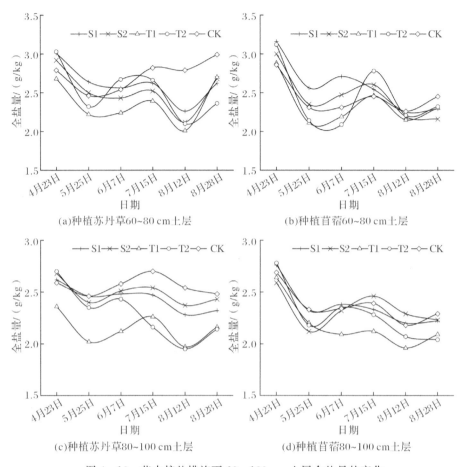

(a)种植苏丹草60~80 cm土层　　(b)种植苜蓿60~80 cm土层

(c)种植苏丹草80~100 cm土层　　(d)种植苜蓿80~100 cm土层

图4-10　节水控盐措施下60~100 cm土层全盐量的变化

即 T1 处理全盐量最低,较 CK 处理下降了 8.0%;S1 处理土壤含盐量较于 S2 处理提高了 4.0%;T2 处理较 S1 处理提高了 2.3%;T1 处理土壤含盐量较 T2 处理提高了 1.2%;S1 处理土壤全盐量基本不变,与 CK 处理结果一样。

综上,种植苏丹草和苜蓿的暗管排水措施灌溉淋洗排盐效果较秸秆深埋更佳,T2 处理脱盐率最高,T1 次之,0~40 cm 土层较深层土壤脱盐率更高;随着温度的升高,土壤盐分随着水分开始向上迁移,但在秸秆隔层处因秸秆和土壤的孔隙度不同,切断毛细管,盐分无法随水分上移,造成盐分积累在秸秆隔层以下,上膜下秸处理根层含盐量低,返盐程度较轻。

4.2.2 节水控盐措施对耐盐牧草产量及其指标的影响

种子萌发和幼苗生长阶段,是一个植物种群能否在盐渍环境下定植的关键时期,研究耐盐植物早期幼苗生长情况,具有重要意义。不同节水控盐措施下苏丹草和苜蓿出苗率如表4-2所示。由表4-2可知,同种耐盐植物的四种控盐措施出苗率存在显著性差异($P<0.05$)。种植苏丹草的各处理出苗率表现为T2、S2处理最高,二者差异不显著($P>0.05$),分别较CK处理提高19.2%、17.4%($P<0.05$),这是由于经过春灌,盐分被充分淋洗,T2、S2处理土壤含盐量较其他处理低。种植苏丹草的暗管处理较秸秆深埋处理的出苗率高3.1%。种植苜蓿的各处理出苗率较苏丹提高了5.2%~13.9%($P<0.05$),两种耐盐植物出苗率差异显著。

表4-2 节水控盐措施对牧草出苗率的影响

耐盐植物	各处理出苗率/%				
	S1	S2	T1	T2	CK
苏丹草	80.24 g	88.75 e	84.13 f	90.12 de	75.63 h
苜蓿	91.37 c	94.61 b	88.54 e	95.35 a	80.46 g

节水控盐措施对牧草株高的影响如表4-3所示,相比CK处理,不同节水控盐措施处理均显著提高牧草的株高。第一茬苏丹草株高增幅为26.4%~48.2%,其中,秸秆深埋S2处理苏丹草株高最高,为54.36 cm,显著高于同茬次的其他处理($P<0.05$),其次为S1、T2和T1处理。第二茬苏丹草株高增幅为35.1%~48.8%,其中秸秆深埋S2处理的株高最高,为235.67 cm,S1处理次之,株高为232.11 cm,S1、S2差异不显著,但显著高于同茬次的其他处理。不同节水控盐措施下两茬苜蓿的株高均低于苏丹草。与CK相比,第一茬苜蓿株高增幅为29.7%~54.2%,平均增幅高于苏丹草。其中,暗管T2处理苜蓿株高最高,为49.83 cm,显著高于同茬次的其他处理,其次为S2和T1处理,S2和T1处理差异不显著;第二茬苜蓿株高增幅为39.7%~74.0%,平均增幅高于苏丹草。第二茬苜蓿中,暗管处理T2的株高最高,为81.36 cm,均显著高于其他处理,T1处理次之,平均株高为76.43 cm。苏丹草植株生长至最大自然株高的80%时开始进入孕穗期,进行首次刈割,留茬高度为15 cm,苜蓿在初花期进行留茬5 cm刈割,刈割后立即浇水并追施氮肥。在秋季收获期进行第二次刈割,苏丹草和苜蓿生长季内刈割两次。

表 4-3　节水控盐措施对牧草株高的影响

处理	第一茬株高/cm		收获期株高/cm	
	苏丹草	苜蓿	苏丹草	苜蓿
S1	52.74 b	41.93 c	232.11 a	65.32 d
S2	54.36 a	43.87 b	235.67 a	71.27 c
T1	46.35 d	44.43 b	213.87 c	76.43 b
T2	49.87 c	49.83 a	221.41 b	81.36 a
CK	36.67 e	32.32 d	158.36 d	46.75 e

节水控盐措施对牧草产量的影响如表 4-4 所示,由表 4-4 可知,节水控盐措施的牧草干质量均显著高于 CK 处理。第一茬各处理较 CK 处理增产 58.7%~79.2%,第二茬各处理较 CK 处理增产 58.5%~88.6%,总干重较 CK 处理平均增产 65.3%~78.4%。苏丹草各处理第二茬干草产量较第一茬提高 13.6%~41.6%。对比分析苜蓿第一茬、第二茬的干草量及总干重发现,各处理的产量均显著高于对照处理。第一茬苜蓿各处理较 CK 处理增产 77.5%~84.2%($P<0.05$),第二茬较 CK 处理增产 65.9%~87.9%($P<0.05$),各处理总干重较 CK 处理增产 72.1%~83.4%($P<0.05$)。T2 处理苜蓿第一茬干草产量较低,第二茬干草产量最高,较第一茬提高 38.4%,显著高于其他处理的增长率。通过对比发现,T2 处理的苜蓿干草产量总干重最高,与 S2 和 T1 处理总干重差异不显著($P>0.05$)。综上,各处理的干草产量均显著高于 CK 处理,说明节水控盐措施可有效提高苏丹草和苜蓿的干草产量。苏丹草在不同节水控盐措施中,T2 处理在产量增加方面效果最为明显;苜蓿在不同节水控盐措施中,T1、T2 和 S2 三个处理在产量增加方面效果较为明显,三者差异不显著($P>0.05$)。

表 4-4　节水控盐措施对牧草产量的影响

处理	苏丹草干草产量/(kg/hm²)			苜蓿干草产量/(kg/hm²)		
	第一茬	第二茬	总干重	第一茬	第二茬	总干重
S1	4688	5326	10014 d	4356	5036	9392 b
S2	4836	5719	10555 b	4256	5696	9952 ab
T1	4282	5993	10275 c	4267	5398	9965 ab
T2	4474	6336	10810 a	4197	5808	10005 a
CK	2698	3360	6058 e	2365	3091	5456 c

4.2.3　节水控盐措施对耐盐牧草饲用价值的影响

目前,在盐碱土壤上引种和驯化有经济价值的盐生植物和耐盐植物研究已取得很大的进展。许多耐盐植物的果实、种子、块根等含有丰富的营养成分,可作为新型食品原料、饲料、药材、园林绿化品种进行二次利用,一些盐生植物同时具有多方面的用途。种植耐盐植物一方面可以改良土壤,改善农田生态环境,提高土壤生产力,增加农牧民收入,另一方面以种植的作物作为牧畜的饲料,既可减轻放牧对天然草场的压力,又可有效促进畜牧的良性循环。

粗蛋白(CP)、中性洗涤纤维(NDF,若 NDF 含量高,则饲草的采食量低)、酸性洗涤纤维(ADF,若 ADF 含量高,则饲草的消化率低)含量是评定饲草品质的重要指标。本节在不同节水控盐措施条件下,测定苏丹草和紫花苜蓿的 CP、NDF、ADF 含量等营养指标,并测算其饲喂价值,以期通过评价对比两种耐盐牧草的营养价值,为当地耐盐牧草的二次利用提供依据与参考。耐盐牧草相对饲喂价值(R_{FV})计算如下:

$$R_{FV} = (88.9 - 0.779 \times w_{ADF}) \times (120/w_{NDF})/1.29 \qquad (4-1)$$

由表 4-5 可知,种植苜蓿的各节水控盐措施下粗蛋白含量均高于苏丹草种植区,种植苜蓿 CK 处理的粗蛋白含量较苏丹草 CK 处理提高 23.57%($P<0.05$);两种耐盐牧草 ADF 含量均低于 NDF 含量;苏丹草的 ADF 含量显著高于种植苜蓿处理。苏丹草种植条件下,S1 处理粗蛋白含量较大,为 16.86%,较 T1、T2、CK分别高 8.3%、10.6%、11.9%($P<0.05$)。各节水控盐措施 ADF 含量大小依次为CK>T2>T1>S1>S2,各处理间差异显著,S2 处理含量最低,为 30.54%。各节水控盐处理苏丹草 NDF 含量大小依次为 CK>T1>T2>S2>S1,S1 处理的 NDF含量最低,为 36.74%,较 CK 降低 7.5%($P<0.05$)。苏丹草种植区各节水控盐处理相对饲喂价值的大小依次为 S1>S2>T2>T1>CK;秸秆处理 S1、S2 显著高于暗管处理 T1、T2;S1 和 S2 处理的相对饲喂价值(R_{FV})较 CK 提高了 13.9%和11.8%($P<0.05$)。

表 4-5　节水控盐措施对牧草饲喂价值的影响

牧草	处理	粗蛋白(CP)含量/%	酸性洗涤纤维(ADF)含量/%	中性洗涤纤维(NDF)含量/%	相对饲喂价值(R_{FV})含量/%
苏丹草	S1	16.86 c	31.42 d	36.88 f	167.91 ab
	S2	16.16 d	30.54 e	36.74 f	164.85 b
	T1	15.57 de	32.16 c	38.87 de	152.88 c
	T2	15.25 e	32.69 b	38.32 e	153.99 c
	CK	15.06 e	33.45 a	39.65 bc	147.44 d
苜蓿	S1	19.15 ab	21.78 g	39.19 cd	170.98 a
	S2	19.51 a	20.63 h	39.69 cbc	170.69 a
	T1	18.75 b	22.3 f	39.73 abc	167.94 ab
	T2	19.12 ab	21.73 g	40.33 a	169.52 ab
	CK	18.61 b	22.19 f	40.23 ab	166.71 ab

　　苜蓿种植区,节水控盐措施下牧草粗蛋白含量大小依次为 S2>S1>T2>T1>CK,S2 处理较其他处理提高 1.9%～4.8%,S1 和 S2 处理差异不显著(P>0.05);T1 处理 ADF 含量最大,为 22.3%,高于其他处理,与 CK 处理仅相差 0.11%,无显著差异(P>0.05);T2 处理 NDF 含量最高,为 40.33%。节水控盐下苜蓿 R_{FV} 大小依次为 S1>S2>T2>T1>CK,与苏丹草饲喂价值变化规律一致,范围在 166.71%～170.98%。S1 处理的苜蓿 R_{FV} 最高,为 170.98%,较 CK 提高了 2.6%,无显著差异(P>0.05)。

　　综上,节水控盐措施下不同耐盐牧草营养品质存在显著差异(P<0.05)。S1 处理苏丹草的粗蛋白含量最高,S1、S2 处理下苜蓿的粗蛋白相对其他处理较高;S1、S2 处理下苏丹草的 NDF 和 ADF 含量均较低,说明其适口性和消化率较好;S1 处理苜蓿 R_{FV} 较其他处理高,适宜河套灌区种植。

4.3　盐碱地抗盐高产高效种植技术模式

随着农业供给侧结构性改革的持续推进,"粮改饲"成为农业改革中重要一环。国家在引导种植经济作物的同时,鼓励各地因地制宜,在适合种植优质牧草的地区推广牧草种植,以此推进草饲畜协同,推进草畜配套,实现种养双赢。本研究根据耐盐牧草生理指标筛出耐盐性较强的苏丹草和苜蓿,并在不同节水控盐措施下种植,通过对比土壤水盐含量和牧草生长指标、产量及饲用价值,得出较适宜种植技术为埋深 0.8 m,间距 20 m 上膜下暗管处理种植。该技术模式既可排出土壤盐分,又合理利用盐渍化耕地种植耐盐饲草,促进了当地粮-经-草(饲)三元种植结构协同发展。

4.3.1　盐碱地抗盐高产高效种植核心技术

按工程平面布置测量放线,用小型挖掘机根据设计深度开挖深 0.9 m 管沟,每开挖 20 m 检查沟深与纵坡。随后铲平沟底,沿坡降方向铺设包裹无纺布吸水管,周围填粒径不大于 4 cm 的砂砾石,厚约 20 cm,后回填埋管,除紧靠裹滤料 20～30 cm 土壤不需夯实,其他均要分层夯实。暗管埋深 0.8 m,间距 20 m,管径为 80 mm,暗管坡降控制在 1‰ 至 2.5‰ 之间。吸水管末端设置长度为 1 m 的 PE 管,排水直接排入农沟。

4.3.2　配套技术

(1)耕作技术:当表土 10 cm 地温达到 10 ℃时,进行土地深翻 30 cm、耙地。因牧草种子细小,故土地必须平整,土壤均匀精细,保证播种深度。一次性基施化肥尿素 315 kg·hm^{-2},硫酸钾 270 kg·hm^{-2}。随后进行黑膜覆盖,膜间裸露地面间距 25 cm。春灌水源为黄河水,灌水量约 2025 m^3·hm^{-2}。采用人工点播方式,苏丹草穴播粒数 4～5 颗,播种深度 3～4 cm;苜蓿穴播粒数 14 颗,播种深度 2～3 cm;穴距 30 cm,行距 20 cm,播种后宜覆沙,厚度 3～4 cm。

(2)田间管理:播种后,每隔 10～15 天中耕除草一次。苏丹草根系强大,吸肥能力强,对氮肥需量高,除播种前施足基肥,刈割后追施尿素 135 kg·hm^{-2}。施肥时,将肥料均匀撒到田间,错过阳光最强烈的时间段。施肥结束后立即灌水,定额为 550 m^3·hm^{-2},水源为黄河水,矿化度约 0.608 g/L,以促进苏丹草和苜蓿有效吸收水肥,减少水肥浪费。

(3)病虫害防治技术:①苏丹草叶片和茎秆的分蘖处霉烂,且不断地向密生的中间茎叶扩散,导致苏丹草根部霉烂,严重的时候不再发生分蘖,最终死亡。预防方法:稀植。因为苏丹草分蘖强,故幼苗长出3～5片叶后定苗,合理控制间距,这对霉烂病有预防作用。②苏丹草叶面出现铁锈色的斑点,最初在叶面的尖部,慢慢地扩散到整张叶片,并且传染速度快,严重时造成整块地枯死,营养价值也会下降。预防方法:种子采用井冈霉素水剂稀释150～200倍浸泡,能达到预防效果。

紫花苜蓿最为常见的病害有褐斑病和白粉病等。紫花苜蓿病害产生后,本身具有的光合作用会下降,严重情况下会导致产量下降60%。而且患有病害的紫花苜蓿中会含有一定的病毒,牧草被食用后很有可能会中毒。应用抗病毒紫花苜蓿品种,能够有效地降低病害的产生。在紫花苜蓿患病后,栽培种植人员可以喷洒世高进行治理,如果种植区域患病较为严重,需要及时地进行收割,避免患病情况加重。

(4)收获:苏丹草作为青饲料饲喂牛羊,宜在抽穗到盛花期刈割,此时干物质的营养价值最高;刈割高度以第2节上部为宜,每年刈割2～3次;鲜草要晾晒1～2天,待水分含量降到50%～60%时再进行青贮。一般在苜蓿的始花期收获最佳,最晚也不应晚于盛花期,此时苜蓿的蛋白质含量最高,且茎秆粗纤维含量也较高;刈割时,留茬5 cm。在最后一次刈割时,要留40～50天的生长期,这样有利于越冬。

综上,盐碱地抗盐高产高效种植技术模式如表4-6所示。

表4-6 盐碱地抗盐高产高效种植技术模式

苜蓿、苏丹草 (6月～9月)		苗期	分枝 (蘖)期	初花期 (抽穗期)	盛花期 (开花期)	成熟期
目标		出苗、定苗、 中耕除草	保苗、促根、 分枝、防病	首茬刈割、 浇水施肥	除草、除虫	适时收获、 晾晒
核心 技术	灌水 技术			黄河水 550 m³·hm⁻²		
	上膜 下管	暗管埋深80 cm,间距20 m,管径为80 mm,坡度为0.1%,地表铺设黑膜,施肥水平为尿素315 kg·hm⁻²,硫酸钾270 kg·hm⁻²,刈割后追施尿素135 kg·hm⁻²				
配套 技术		耕作技术、激光平地技术、病虫害防治技术、刈割技术				

	耕整土地 ⇨	施肥播种 ⇨	除草除虫 ⇨	灌水追肥 ⇨	收获
牧草种植流程图	上膜下暗管：暗管埋深80 cm，间距20 m，管径80 mm，坡度0.1%。整平土地：当表层地温达到10℃时，进行土地深翻30 cm、耙地、平整土地、耙、磨。激光平地：激光平地技术三年一次，使用激光平地机平整土地，灌水均匀，提高水分利用率	播种施肥：覆90 cm黑膜，春灌黄河水约2025 $m^3 \cdot hm^{-2}$。苏丹草穴播粒数4~5颗，播种深度3~4 cm；苜蓿穴播粒数14颗，播种深度2~3 cm，穴距30 cm，行距20 cm，播种后宜覆3~4 cm厚沙。一次性基施尿素315 kg · hm^{-2}，硫酸钾270 kg · hm^{-2}	牧草播种后进行除草、人工喷洒；牧草生育期观察病虫害状况，主要防治霉烂、褐斑病和白粉病等病害，在喷洒农药时要避免正午喷洒，尽量选择在下午	首次刈割后追施尿素135 kg · hm^{-2}。在施肥当天的下午将肥料均匀撒到田间，错过当地阳光最强烈的时期，防止氮肥挥发。在施肥结束后立即进行灌水，灌溉定额550 $m^3 \cdot hm^{-2}$，水源为黄河水	苜蓿收割在始花期最适宜，此时蛋白质含量最高，最晚不能晚过盛花期。从苏丹草的产量、品质考虑，以抽穗期刈割最佳，太迟会降低适口性
管理技术	检查水源井、移动直管、竖管及耕作机械的完好情况。适时春灌，统一进行机械翻耕、覆膜，人工点播	播种期或幼苗期根据当地情况进行中耕除草、防治病虫害	苜蓿初花期、苏丹草抽穗期进行首次刈割，及时按标准追肥、灌水，保证牧草养分吸收	基于苏丹草和苜蓿的产量、品质考虑，进行秋季收割	

第 5 章

工程改良＋明沟排水措施对农田土壤水盐运移的影响

本试验的工程改良措施采用的是暗管排盐水利工程措施,根据试验区冻土深度、土壤参数、地下水埋深等情况,试验区暗管埋深设为 0.8 m 和 1.2 m,间距分别为 20 m 和 30 m,暗管排水工程控制总面积约 130 亩。田间试验包括 3 个小区处理:未铺管对照处理(CK 小区)、暗管埋深 1.2 m 间距 30 m 处理(T1 小区)和暗管埋深 0.8 m 间距 20 m 处理(T2 小区)。

5.1 工程改良＋明沟排水措施对土壤含水率的影响

5.1.1 土壤含水率年度内变化规律

2019 年各处理措施下向日葵不同生育期 0～100 cm 土壤含水率变化如图 5-1 和 5-2 所示。由图 5-1 可知,在蒸发、降雨和灌溉等外界影响因素相同时,CK 处理不同生育期土壤含水率处于较高值,且与 T1 和 T2 处理差异显著($P<0.05$)。总体表现为:向日葵播种前土壤含水率最高,生育期次之,收获期最低。CK 处理播种前平均含水率为 28.1%,较收获期高 6.9%;T1 和 T2 处理播种前较收获后分别提高 6.5% 和 3.2%。7 月至 9 月,随着气温升高,蒸发强度逐渐增加,向日葵成熟期各处理土壤含水率较之前有不同程度的降低,与现蕾期相比,CK 处理土壤平均含水率降低了 1.6%,T1 和 T2 处理分别降低了 1.8% 和 1.9%。播种前 20 天左右研究区进行春灌,故土壤平均含水率处于较高值;生育期内每次取样为灌水后 2～3 天内,平均含水率无显著差异;向日葵成熟期至收获后降雨较少且气温较高,0～100 cm 土壤平均含水率逐渐降低,收获期达到最低。

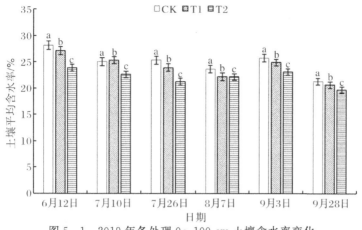

图 5-1　2019 年各处理 0～100 cm 土壤含水率变化

　　由图 5-2 可知,各处理不同生育期 0～100 cm 剖面土壤含水率存在不同程度差异,随土层深度增加呈增大趋势,且集中在 13.1%～34.0%。各土层含水率受降雨和灌水影响变化不一致,表层(0≤土层深度<20 cm)土壤含水率波动最大,中层(20 cm≤土层深度<60 cm)次之,深层(60 cm≤土层深度<100 cm)趋于平稳。表层土壤含水率最低,不超过 20%;中层土壤含水率较高,不同生育期保持在 20%以上;深层土壤受外界因素影响最小,且不是作物根系的吸收层,土壤含水率高且相对稳定,在 22.2%至 34.1%间变化。同时,各处理不同土层含水率差异明显。总体上看,表层土壤含水率 T1 处理较高,CK 和 T2 较小;中层和深层土壤含水率大小依次为 CK>T1>T2。以现蕾期为例,灌水 2 天后取样,CK 处理表层含水率较 T1 处理低 0.8%,比 T2 处理高 2.0%,中层则比 T1、T2 处理高出 0.8% 和 3.2%,深层则比 T1、T2 处理高出 3.2% 和 6.2%。由此可知,在灌水量相同条件下,暗管间距越小埋深越浅,排水效果越好,土壤含水率越低。

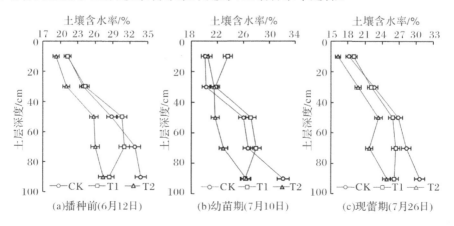

(a)播种前(6月12日)　　　(b)幼苗期(7月10日)　　　(c)现蕾期(7月26日)

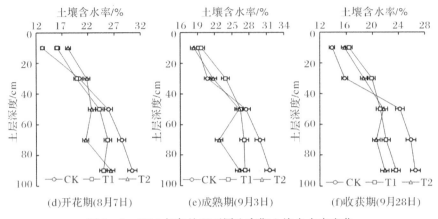

（d）开花期（8月7日）　　（e）成熟期（9月3日）　　（f）收获期（9月28日）

图 5-2　2019 年各处理不同生育期土壤含水率变化

2020 年各处理措施下向日葵不同生育期 0～100 cm 土壤含水率变化如图 5-3 和图 5-4 所示。由土壤平均含水率变化可以看出，在不同向日葵生育期，各处理间平均含水率差异显著（$P < 0.05$）。从春灌前到开花期，不同处理含水率表现为 CK＞T1＞T2；成熟期和收获后则表现为 T1＞CK＞T2。春灌对土壤水分含量影响较大，春灌后（5 月 25 日）土壤含水率有所增加，CK 处理由灌前的 22.34％变为 31.89％，增加了 9.55％，T1、T2 处理分别增加了 7.72％和 6.67％。除春灌外，开花期土壤平均含水率最高，与 2019 年相似，作物收获后土壤含水率最低。向日葵生育期内，试验数据表明灌水后不同处理小区土壤含水率整体呈现上升趋势，之后随着气温升高和蒸发蒸腾作用变强，作物需水量增

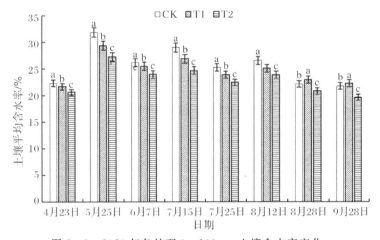

图 5-3　2020 年各处理 0～100 cm 土壤含水率变化

加的同时,耗水量也增大,土壤含水率有所下降。进入成熟期后期,由于无灌水和降雨减少,土壤含水量呈下降趋势。

由图 5-4 可知,各处理随土层埋深增加,土壤含水率呈增大的趋势,在 13.0% 至 36.1% 间变化。土壤含水率随土层变化规律与 2019 年类似,表层受外界因素影响最大,含水率低于 19.0%;中层相对变化平缓,含水率高于 22.1%;深层土壤受影响小,含水率高且相对稳定,含水率保持在 25% 以上。

综上,CK 处理土壤含水率大于 T1、T2 处理,各处理措施下不同土层含水率差异显著($P<0.05$)。以幼苗期为例,CK 处理表层土壤含水率最小,较 T1 和 T2 处理分别降低了 0.9% 和 0.4%;中层土壤含水率大小依次为 CK>T1>T2;深层土壤含水率与中层变化类似,CK 处理最高,较 T1 和 T2 处理分别提高 2.9% 和 4.9%。可见,暗管工程对降低土壤含水率有一定的作用,暗管控制区各土层含水率较 CK 处理有不同程度降低。

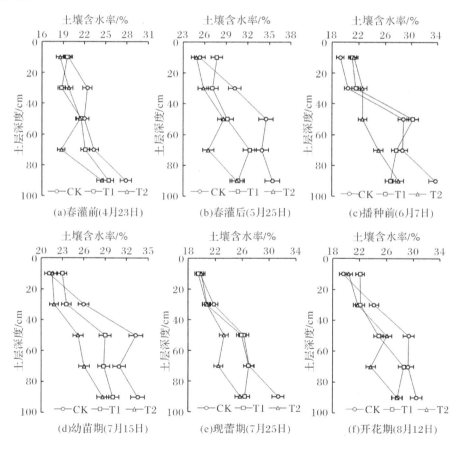

(a)春灌前(4月23日)　　(b)春灌后(5月25日)　　(c)播种前(6月7日)

(d)幼苗期(7月15日)　　(e)现蕾期(7月25日)　　(f)开花期(8月12日)

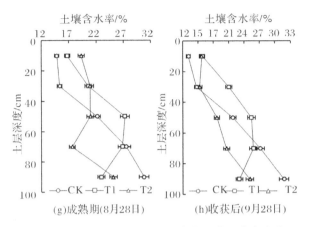

图5-4 2020年各处理不同生育期土壤含水率变化

5.1.2 土壤含水率年际变化规律

对比分析2019年和2020年各处理不同生育期0~100 cm土壤平均含水率变化,结果如图5-5所示。由图5-5可知,各处理两年平均含水率变化趋势基本一致,2020年土壤平均含水率略高于2019年。播种前,CK处理2020年土壤平均含水率较2019年降低了2.0%,T1、T2处理分别降低1.6%和0.1%。向日葵幼苗期、开花期各处理2020年土壤平均含水率均高于2019年,对比两年同时期气象资料可知,2020年降雨量高于2019年,且2020年气温低于2019年。2019年成熟期CK、T1、T2处理土壤平均含水率较2020年分别高了3.6%、2.0%和2.3%。

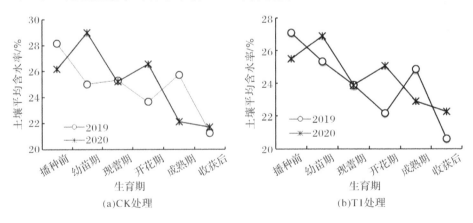

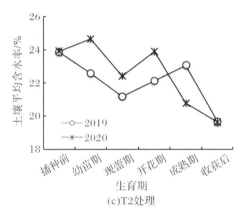

图 5－5　生育期内各处理土壤含水率年际变化

5.2　工程改良＋明沟排水措施对土壤全盐量的影响

5.2.1　土壤盐分年度内变化规律

根据 2019 年田间试验数据采集与整理,得到试验区各处理土壤盐分随时间变化情况,如图 5－6 所示。由图 5－6 可知,T1、T2 处理不同时期土壤全盐量剖面变化规律基本一致,0～100 cm 土层内,随土层深度的增加土壤全盐量呈现出降低的趋势,T1 处理在 2.24 g/kg 至 3.10 g/kg 间变化,T2 则在 2.14 g/kg 至 3.80 g/kg 间变化;CK 处理土壤全盐量较高,且各土层变化幅度较小,在 2.78 g/kg 至 3.92 g/kg 间变化。不同土层深度土壤全盐量变化特征有所不同,T1 处理[20,40)cm 土层土壤全盐量最高。以现蕾期为例,[20,40)cm 土层全盐量较表层高出 0.25 g/kg,[60,100]cm

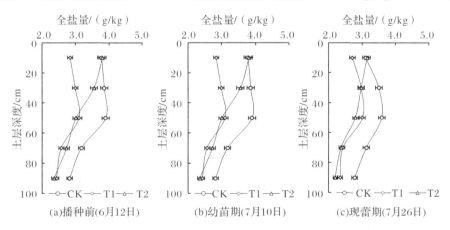

(a)播种前(6月12日)　　　(b)幼苗期(7月10日)　　　(c)现蕾期(7月26日)

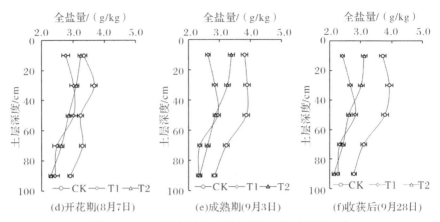

图 5-6　2019 年各处理不同生育期土壤全盐量变化

土层全盐量较低,在 2.4 g/kg 左右。CK 处理各土层含盐量变化存在差异,表层土壤全盐量较高,[80,100]cm 土层最低,进入现蕾期后[40,60)cm 土层含盐量有所上升,可能是由于灌水和降雨作用,导致盐分不断地被淋洗至该土层,形成积盐。

2019 年各处理不同土层含盐量随时间变化如图 5-7 所示。向日葵生育期内,T1 处理表层土壤全盐量由 2.84 g/kg 降至 2.41 g/kg,降低了 15.1%;T2 处理则由 3.8 g/kg 降低到 3.11 g/kg,降低 18.2%;CK 处理由 3.77 g/kg 至 3.71 g/kg,仅降低了 1.6%。T1 处理中层土壤全盐量生育期前后由 6.23 g/kg 降到 5.48 g/kg,深层土壤平均全盐量从 4.98 g/kg 降到 4.58 g/kg,分别下降了 12.0% 和 8.0%;T2 处理中层和深层土壤平均含盐量分别降低了 14.0% 和 10.0%。CK 处理中层土壤含盐量生育期前后仅降低了 0.5%,深层土壤全盐量降低了 1.8%。这也进一步说明了暗管排水措施对土壤盐分调控效果良好,与 CK 处理相比,向日葵生育期内暗管排水控制区能够有效降低土壤盐分含量。

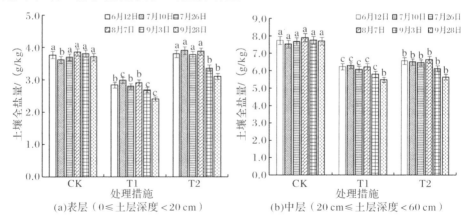

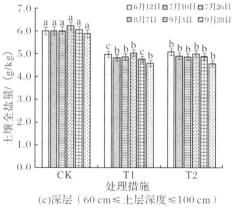

图 5 - 7　2019 年各土层全盐量变化

　　2020 年研究区不同处理土壤剖面盐分含量动态变化如图 5 - 8 所示,各处理不同土层土壤全盐量随时间变化规律基本相似,即表层土壤全盐量变化幅度较大(表层土壤盐分含量受灌水的淋洗脱,盐效果最为明显,灌水后随温度上升导致土壤水分蒸发而不断返盐),中层相对稳定,深层变化幅度较小。

　　4 月 23 日取样时,空白对照区和 T1 处理、T2 处理表层土壤全盐量分别为 4.33 g/kg、3.62 g/kg 和 4.65 g/kg。土壤盐分含量受灌水影响明显,灌水量越大,土壤盐分淋洗效果越好。经过春灌后(5 月 25 日),各小区表层土壤盐分均有不同程度下降,春灌后 T1 处理、T2 处理表层土壤全盐量分别为 2.89 g/kg 和 3.92 g/kg,分别减少了 0.73 g/kg 和 0.73 g/kg,空白对照区减少了 0.60 g/kg。不同处理春灌前后中层盐分含量变化为 0.50 g/kg 左右,深层则为 0.35 g/kg 左右。

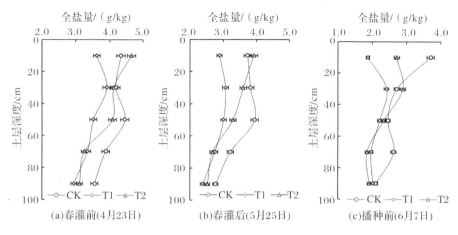

(a)春灌前(4月23日)　　　(b)春灌后(5月25日)　　　(c)播种前(6月7日)

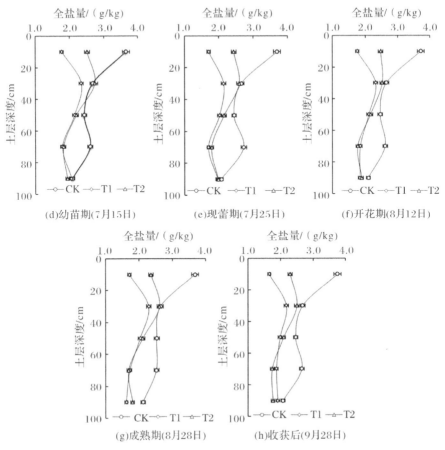

图 5-8　2020 年各处理不同生育期土壤全盐量变化

　　2020 年不同土层全盐量随时间变化如图 5-9 所示。暗管排水工程改良区土壤全盐量较 CK 处理差异显著($P<0.05$),经过 2019 年秋浇和 2020 年春灌淋洗后,T1、T2 处理较 CK 处理 0~100 cm 土层平均含盐量分别降低了 0.62 g/kg 和 0.38 g/kg。且向日葵生育期内,暗管排水工程改良区各土层均有不同幅度的脱盐,CK 处理表层土壤盐分含量增加,中层和深层几乎无变化。在向日葵生育期内,两种不同暗管埋设参数处理的土壤全盐量随时间变化降低幅度存在差异,其中 T1 处理收获后表层土壤较播种前土壤全盐量降低了 11.8%,中层土壤盐分含量降低了 10.2%,深层土壤降低了 5.3%。T2 处理向日葵生育期前后表层土壤全盐量降低了 15.5%,中层和深层土壤全盐量分别减少了 12.1% 和 8.1%。CK 处理表层盐分含量增加了 0.05 g/kg,中层和深层土壤含盐量前后无显著差异。因此,

暗管排水工程改良措施可有效调控土壤表层和中层盐分含量,且暗管埋深 0.8 m 间距 20 m 处理的控盐效果优于埋深 1.2 m 间距 30 m 的处理。

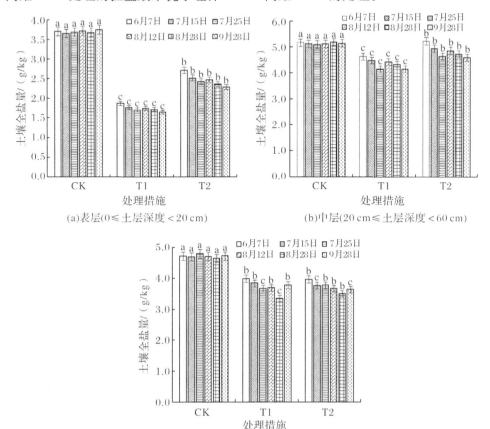

(a) 表层(0≤土层深度<20 cm)

(b) 中层(20 cm≤土层深度<60 cm)

(c) 深层(60 cm≤土层深度≤100 cm)

图 5 - 9　2020 年各土层全盐量变化

5.2.2　土壤盐分年际变化规律

脱盐率是土壤盐分含量变化的重要指标,可直观反映土壤脱盐效果。计算研究区两年生育期内土壤含盐量变化,结果如表 5 - 1 和表 5 - 2 所示。由表 5 - 1 可知,CK 处理各土层含盐量均在 2.0 g/kg 以上,处于相对较高水平,[20,40)cm 土层脱盐率为 -1.82%,呈积盐趋势,其他四个土层脱盐率均不超过 3%,[0,100]cm 土层平均脱盐率为 1.25%,说明 CK 处理土壤盐分含量变化较小,耕作层有积盐趋势,不利于牧草生长发育。T2 处理表层土壤脱盐率最大,为 18.16%,T1 处理表层为 15.14%,较 T2 处理约低 3.0%,T2 处理[20,100]cm 四个土层脱盐率较

T1 处理分别约提高了 3.9%、3.9%、1.3% 和 1.9%，T1、T2 处理 [0,100]cm 土壤平均脱盐率较 CK 分别提高了 9.14% 和 10.95%，这表明暗管排水工程改良措施可有效促使土壤脱盐，且间距越小埋深越浅，脱盐率越高，脱盐效果越好。

2020 年各处理土壤全盐量和脱盐率变化规律与 2019 年类似。CK 处理除 [20,40)cm 和 [80,100]cm 土层脱盐外，其余各土层有积盐趋势，[0,100]cm 土层平均积盐率为 −0.07%。T1 和 T2 处理表层脱盐率较高，均超过 10%，[20,100]cm 土层脱盐率随土壤深度增加而降低，这是由于土层深度增加，土壤盐分较难被淋洗出土体。

对比分析 2 年各处理 [0,100]cm 土层脱盐率发现，2020 年各处理平均脱盐率较 2019 年有所降低：CK 处理降低了约 1.3%，T1 和 T2 处理分别降低了约 2.1% 和 2.6%。因此，暗管排水工程改良措施可显著提高土壤脱盐率，且 2 年平均脱盐率大小依次为 T2＞T1＞CK，T2 处理脱盐效果最好。

表 5−1　2019 年不同处理土壤全盐量与脱盐率

处理措施	[0,20)cm 全盐量/(g·kg⁻¹)	[0,20)cm 脱盐率/%	[20,40)cm 全盐量/(g·kg⁻¹)	[20,40)cm 脱盐率/%	[40,60)cm 全盐量/(g·kg⁻¹)	[40,60)cm 脱盐率/%	[60,80)cm 全盐量/(g·kg⁻¹)	[60,80)cm 脱盐率/%	[80,100]cm 全盐量/(g·kg⁻¹)	[80,100]cm 脱盐率/%	平均脱盐率/%
T1	2.41±0.07c	15.14	2.66±0.08c	11.04	2.82±0.08b	9.03	2.32±0.07c	9.73	2.26±0.06b	7.00	10.39
T2	3.11±0.09b	18.16	3.02±0.09b	14.93	2.62±0.08c	12.96	2.43±0.07b	10.99	2.14±0.06c	8.94	13.20
CK	3.71±0.11a	1.59	3.92±0.12a	−1.82	3.78±0.11a	2.83	3.10±0.09a	2.21	2.78±0.08a	1.42	1.25

注：脱盐率正值表示土层脱盐，负值表示土层积盐。

表 5−2　2020 年不同处理土壤全盐量与脱盐率

处理措施	[0,20)cm 全盐量/(g·kg⁻¹)	[0,20)cm 脱盐率/%	[20,40)cm 全盐量/(g·kg⁻¹)	[20,40)cm 脱盐率/%	[40,60)cm 全盐量/(g·kg⁻¹)	[40,60)cm 脱盐率/%	[60,80)cm 全盐量/(g·kg⁻¹)	[60,80)cm 脱盐率/%	[80,100]cm 全盐量/(g·kg⁻¹)	[80,100]cm 脱盐率/%	平均脱盐率/%
T1	1.65±0.05c	11.76	2.17±0.06c	9.96	1.98±0.06c	9.21	1.87±0.05b	5.08	1.91±0.06b	5.45	8.29
T2	2.29±0.06b	15.50	2.50±0.07b	13.49	2.09±0.06b	10.30	1.74±0.05c	5.95	1.76±0.05c	7.85	10.62
CK	3.75±0.11a	−1.35	2.68±0.08a	1.11	2.46±0.07a	−0.41	2.65±0.08a	−1.15	2.07±0.06a	1.43	−0.07

注：脱盐率正值表示土层脱盐，负值表示土层积盐。

5.3　工程改良十明沟排水措施对向日葵根层土壤水盐变化的影响

　　根系是作物吸收水分和营养物质、进行代谢与合成的重要器官。向日葵生长发育与向日葵根层(0≤土层深度<40 cm)的土壤水盐状况有着紧密的关系,不同处理生育期内根层土壤水盐动态变化如图 5-10 和图 5-11 所示。

　　从图 5-10 可知,生育期内 2019 年和 2020 年各处理根层平均含水率的变化趋势与 0~100 cm 土层含水率基本一致,即幼苗期最高,随着作物耗水,土层含水率有所降低。2019 年 CK 处理根层含水率在开花期与幼苗期间无显著差异($P>0.05$),而 T1、T2 处理则显著降低($P<0.05$)。2020 年,各处理根层含水率随生育期变化有类似的规律,即呈先减小后增加再减小的趋势,含水率大小依次为幼苗期>开花期>现蕾期>成熟期,但不同处理成熟期含水率较幼苗期降低幅度有所不同,CK处理根层平均含水率减小了 8.5%,T1、T2 处理分别减少了 4.6%和 1.6%。

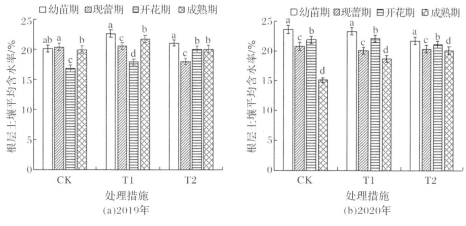

图 5-10　两年生育期内各处理根层土壤含水率变化

　　由图 5-11 可知,T1 和 T2 处理在 2019 年和 2020 年成熟期的根层土壤全盐量显著低于幼苗期($P<0.05$),CK 处理 2019 年成熟期较幼苗期有所增加,且差异显著($P<0.05$),增加了 0.16 g/kg,2020 年成熟期根层含盐量较幼苗期无明显变化;T1 处理 2019 年和 2020 年分别降低了 0.07 g/kg 和 0.06 g/kg,T2 处理 2019 年和 2020 年分别降低了 0.22 g/kg 和 0.14 g/kg。这说明在向日葵生育后期,暗管排水工程改良区较空白对照区能够更好地调节根层土壤水盐状况,更有利于促进作物生长,且 T2 处理较 T1 处理效果更好。

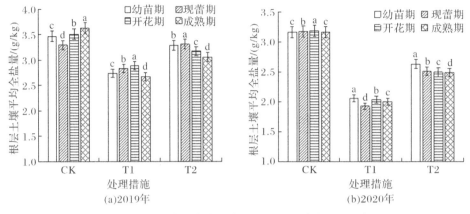

图 5-11 两年生育期内各处理根层土壤全盐量变化

综上,土壤水盐运移失衡引起根区盐分聚集,危害作物正常生长,也是导致土壤盐渍化的重要原因,故监测土壤水盐动态变化是改良盐碱地的基础。本试验通过分析暗管排水工程改良措施下土壤水盐的响应,发现各处理土壤含水率随着土层深度的增加而增大,且 CK 处理大于 T1 和 T2 处理。随着土层深度增加,土壤盐分含量逐渐减小,总体呈下降趋势。表层土壤全盐量变化幅度最大,深层土壤含盐量最小,春灌后 T1 和 T2 处理表层土壤全盐量分别减少了 0.63 g/kg 和 0.72 g/kg,CK 处理减少 0.60 g/kg,而各处理中层盐分含量变化在 0.50 g/kg 左右,深层为0.35 g/kg 左右。

暗管排水工程改良措施可有效改善土壤水盐运移规律。本研究中,暗管排水工程改良区各土层脱盐率均高于 CK 处理,且土壤脱盐率随土层深度增加而减小,这是由于深层土壤全盐量基底值较小且深层土壤盐分难以有效淋洗。在相同灌水量和灌水技术下,暗管排水工程改良措施可有效提高土壤脱盐率,T1 和 T2 处理两年土壤平均脱盐率分别为 9.5% 和 11.8%,而 CK 处理则积盐,积盐率为 0.7%。暗管排水工程改良区较空白对照区可更好地调节根层土壤水盐状况,有利于作物生长,且 T2 处理较 T1 处理效果更好。

5.4 工程改良＋明沟排水措施对地下水动态变化的影响

地下水埋深和地下水矿化度是河套灌区土壤产生盐渍化及水盐运移的重要影响因子。地下水埋深过浅时,极易诱发土壤产生次生盐渍化,导致农作物产量降低,甚至绝产,且在降雨期间,土壤的蓄水能力显著下降,易发生渍涝;地下水埋深过深时,作物根系层达不到地下水层,无法吸收和利用地下水,导致增加灌水次数和灌溉用水量。同时,地下水埋深的变化也会引起地下水矿化度的改变,而地下水含盐量可通过地下水矿化度来反映。因此,定期监测与分析地下水埋深和矿化度变化规律,对研究河套灌区土壤盐碱化与暗管排水排盐工程改良措施效果具有重要的意义。

5.4.1　工程改良＋明沟排水措施对地下水埋深的影响

地下水埋深的变化主要与蒸发、降雨、农田灌溉等多种因素的影响有关,浅层地下水位随季节的不同会发生一定变化。在渠道来水和灌溉之前,地下水埋深相对较深。当渠道来水和灌溉后,由于渠道侧向补给和灌溉及降雨渗漏,地下水埋深会出现短暂上升。随着蒸发、作物需水和暗管排水等因素的影响,地下水埋深会逐渐加深。2019 年和 2020 年研究区各处理地下水埋深监测期内随时间变化如图5－12 所示。

由图 5－12(a)可知,向日葵生育期内,各处理地下水埋深变化趋势类似,基本保持在 1.5 m 至 1.9 m 范围内。7 月 15 日由于刚打完观测井,故地下水埋深较浅,第二次取样(7 月 19 日)时地下水埋深已恢复正常。7～8 月地下水埋深较浅,保持在 1.68 m 至 1.76 m 之间,两种暗管埋深与间距处理地下水埋深变化趋势具有一致性。随着向日葵不断生长及气温升高,土壤水分蒸发变强和作物消耗土壤水分,地下水埋深逐渐变大,8 月下旬至向日葵成熟期,研究区地下水埋深较深。向日葵生育期内,暗管排水控制区地下水埋深在 1.6 m 至 1.9 m 之间,显著大于空白对照区的 1.5～1.7 m。这说明暗管排水控制区对地下水埋深的调控作用显著。

由图 5－12(b)可知,2020 年地下水埋深随时间变化特征与 2019 年总体上一致,春灌(5 月 15 日)大面积灌水,研究区表层土壤水分含量明显变大,地下水水位上升,空白对照区地下水埋深在 1.37 m 左右,T1、T2 处理分别为 1.32 m 和 1.45 m。之后随着蒸发、入渗和排水等作用,地下水埋深有所增加。暗管排水工程改良措施控制区地下水埋深与空白对照区有相似的变化规律,除春灌及生育期灌水外,7 月初地下水埋深最浅,随向日葵生育期推移,蒸发作用不断加强,地下水埋深逐渐增大,生育期末期达到最大值。在向日葵生育期内,CK 处理地下水埋深由播种前1.52 m 到收获后的 1.65 m,地下水埋深增加了 0.13 m,增幅为 8.6%;T1、T2 处理则分别由 1.56 m、1.65 m 增加到 1.74 m、1.85 m,分别增加了 11.5%和12.1%,T2 处理对地下水埋深调控效果较 T1 处理更好。

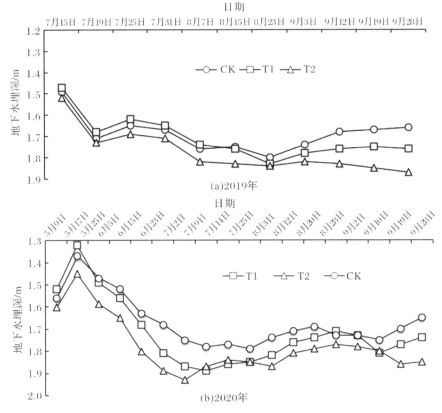

图 5-12　2019 年和 2020 年研究区地下水埋深动态变化

5.4.2　工程改良＋明沟排水措施对地下水矿化度的影响

地下水盐分含量可通过地下水矿化度来判断和评价,其主要受到地下水埋深、灌溉等多种因素影响。2019 年和 2020 年研究区不同处理地下水矿化度监测期内随时间变化特征如图 5-13 所示。由图 5-13(a)可知,2019 年不同处理地下水矿化度随时间变化的趋势存在差异,其中 CK 处理地下水矿化度最大,约为 1.9 g/L,暗管排水工程改良控制区地下水矿化度显著低于 CK 处理,为 1.53~1.85 g/L。在作物生育期,暗管排水工程改良控制区地下水矿化度分别由 1.89 g/L 降到 1.75 g/L和由 1.90 g/L 降到 1.71 g/L,下降了 7.4%和 10.0%($P<0.05$),而 CK 处理仅由 1.92 g/L 降到 1.86 g/L,降低了 3.1%。由图 5-13(b)可知,2020 年研究区各处理地下水矿化度变化趋势与 2019 年相似,即 CK 处理地下水矿化度无显著变化,暗管排水工程改良控制区地下水矿化度随时间推移逐渐下降。在向日葵

生育期,T1 和 T2 处理地下水矿化度初始值为 2.31g/L 和 2.30 g/L,收获时矿化度为 2.13g/L 和 2.11 g/L,降低了 7.8% 和 8.3%($P<0.05$);CK 处理由初始值 2.39 g/L 下降到收获时的 2.33 g/L,降低了 2.5%($P>0.05$)。这说明暗管排水工程改良措施可有效降低地下水矿化度,且 T2 处理效果更好,有利于作物生长。

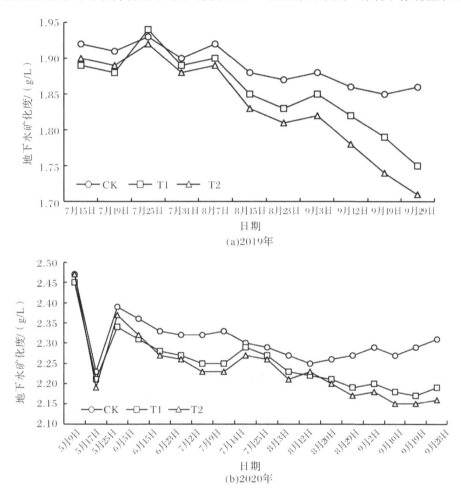

图 5-13　2019 年和 2020 年研究区地下水矿化度动态变化

5.4.3　工程改良十明沟排水措施下土壤全盐量与地下水埋深的相关性

通过拟合土壤全盐量与地下水埋深的相关性,分析土壤盐分变化受地下水埋深变化的影响。不同土层 T1 和 T2 处理拟合曲线如图 5-14 所示。由不同土层拟合曲线可以看出,各土层土壤全盐量变化值与地下水埋深变化值呈线性正相关关系,即地下水埋深变大,土壤盐分含量减小,呈现脱盐状态;地下水埋深减小,土壤全盐量增加,呈现积盐状态。不同土层土壤全盐量随地下水埋深变化有所不同,[0,40)cm 土层全盐量随地下水埋深变化较为明显,全盐量变化值为 $-0.2 \sim 0.5$ g/kg,[60,100)cm 土层变化较小,为 $-0.2 \sim 0.3$ g/kg。

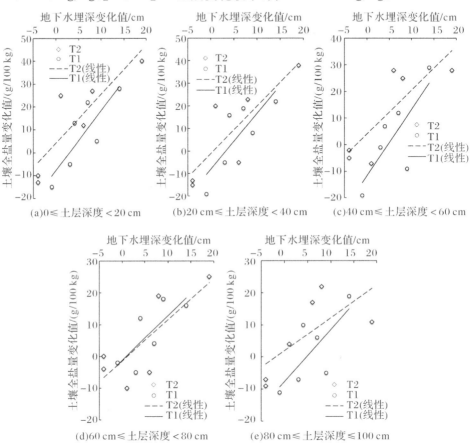

图 5-14　土壤盐分变化值与地下水埋深变化值关系图

各处理不同土层线性拟合方程如表 5-3 所示,T1 和 T2 处理拟合方程的斜率、决定系数呈随土层深度增加而减小的趋势。这说明随土层深度的增加,地下水埋深的变化对土壤全盐量的影响逐渐降低,[0,20)cm 土层盐分含量受地下水埋深变化影响最高,[80,100]cm 土层影响最低。

表 5－3　不同土层全盐量变化与地下水埋深变化的关系

土层深度 /cm	拟合方程		R^2	
	T1	T2	T1	T2
[0,20)	$y=2.61x-7.66$	$y=2.14x+4.25$	0.70	0.76
[20,40)	$y=2.46x-7.95$	$y=2.10x-1.09$	0.65	0.70
[40,60)	$y=2.49x-11.79$	$y=1.65x+4$	0.60	0.68
[60,80)	$y=1.40x-1.26$	$y=1.30x-1.45$	0.58	0.63
[80,100]	$y=1.63x-7.75$	$y=1.02x+1.90$	0.54	0.50

5.5　工程改良十明沟排水措施对向日葵生长及产量的影响

5.5.1　向日葵生长指标

株高和茎粗是直观反映作物生长发育状况的指标。受土壤水分、养分和气候等环境因素的影响,随着生育期推移,株高和茎粗有显著的变化趋势。本节监测不同处理情况下的向日葵株高、茎粗和花盘直径等生长指标,分析不同暗管排水埋设参数下作物生长状况。2019 年仅在向日葵成熟期进行株高和茎粗测量,2020 年在全观测期内对向日葵不同生育时期株高、茎粗进行监测。两年试验期向日葵株高及茎粗变化如图 5－15 和图 5－16 所示。

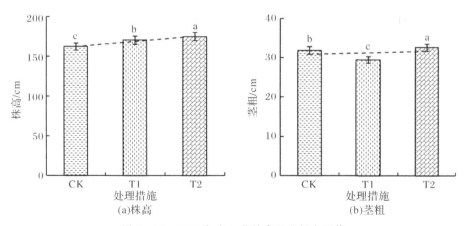

图 5－15　2019 年向日葵株高及茎粗实测值

由图 5-15 可知,T1 和 T2 处理向日葵株高较 CK 处理分别高出 8.27 cm 和 12.85 cm,增幅达到 5.2% 和 8.1%(P<0.05);CK 处理向日葵成熟期茎粗为 31.81 mm,T1 处理茎粗为 29.45 mm,T2 处理茎粗为 32.59 mm,各处理间无显著差异(P>0.05)。

由图 5-16 可知,三个处理向日葵茎粗变化趋势一致,即由快到慢的生长趋势。向日葵幼苗期至现蕾期,向日葵茎粗增长迅速,开花期茎粗生长速度变缓,成熟期茎粗缓慢增长。幼苗期不同处理下向日葵茎粗相差较小,为 0.08~0.42 cm;现蕾期随着气温的升高,作物的光合作用增强,向日葵的茎粗生长速率变快,向日

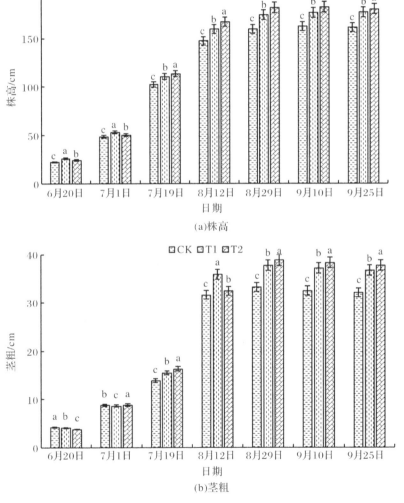

(a)株高

(b)茎粗

图 5-16 2020 年向日葵各生育期株高及茎粗变化

葵茎粗的差异性增加明显,成熟期 T1 和 T2 处理向日葵茎粗显著大于 CK 处理($P<0.05$)。总体生长状况方面,T1 和 T2 处理均优于 CK 处理。

2020 年向日葵生育期内,各处理株高变化趋势基本一致,呈先快速增加后缓慢增加至停止增加的趋势。在向日葵幼苗期至现蕾期,作物生长迅速,株高呈线性增长,开花期株高达到最大值,株高在成熟期停止增加且向下弯曲。全生育期内,T1、T2 处理平均株高与 CK 处理差异明显($P<0.05$),幼苗期后平均株高基本表现为 T2＞T1＞CK。

5.5.2　向日葵产量

2019 年作物产量如图 5 - 17 所示,由图 5 - 17 可知,2019 年 T1 和 T2 处理向日葵亩产量均高于 CK 处理,分别较 CK 处理亩增产 9.4％和 16.9％($P<0.05$)。这说明暗管排水工程改良控制区较空白对照区作物产量增加明显。

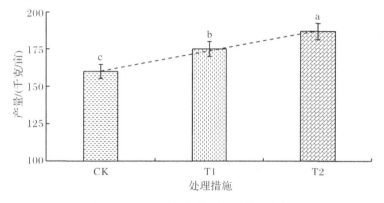

图 5 - 17　2019 年各处理向日葵亩产量

2020 年各处理向日葵产量及其相关指标(花盘重、百粒重、籽粒重)变化如图5 -18所示。由图 5 - 18 可知,向日葵产量及相关指标总体表现均为 T2＞T1＞CK,且两两之间差异显著($P< 0.05$);暗管排水控制区向日葵产量显著高于 CK 处理,T1 和 T2 处理较 CK 处理增产 24 千克/亩和 43 千克/亩,增幅分别为14.1％和 25.3％。

综上,地下水埋深是影响土壤盐渍化关键因子之一,防治土壤次生盐渍化的关键措施是合理控制地下水位。暗管排水工程改良措施实施后,研究区的地下埋深下降了 9 cm,较实施前降低了 6.2％($P<0.05$),区域地下水位得到了有效调控,且地下水矿化度有不同程度的下降,两年平均地下水矿化度较 CK 处理分别降低了 3.8％和 5.9％($P<0.05$),表明地下水含盐量也随之下降,改善了地下水环境。向日葵生育期,T1 和 T2 处理平均株高与 CK 差异显著($P<0.05$),幼苗后基本表现为 T2＞T1＞CK。暗管排水工程改良盐碱耕地的目的除了改善区域水土环境

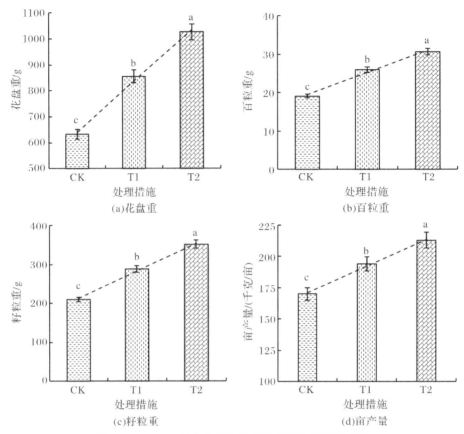

图 5-18　2020 年各处理向日葵亩产量及其因子变化

外,最重要的是提高作物产量,增加经济效益。研究结果表明,两年 T1 和 T2 处理向日葵产量较 CK 处理分别平均增产 11.8% 和 21.1%,这也说明暗管埋深浅间距小,土壤排盐和作物增产效果更好。

5.6　暗管排水工程改良盐碱地集成技术模式

通过分析暗管排水工程改良措施下土壤水盐、地下水埋深和矿化度、作物生长状况和产量的变化,探索河套灌区以暗管排水工程改良和向日葵灌水施肥技术为核心,以施工、向日葵种植、田间管理和病虫害防治技术为配套技术的集成模式,明确暗管排水工程改良技术在河套灌区中重度盐碱地上的改良效果,为灌区中重度盐渍化土壤改良提供技术支撑。以暗管排水工程改良技术和向日葵灌水施肥技术为核心,以施工、向日葵种植、田间管理和病虫害防治技术为配套的技术集成模式如表 5-4 所示。

表 5 - 4　暗管排盐工程改良与地力提升集成技术模式

生育期 (6 月~10 月)		幼苗期	现蕾期	开花期	成熟期
施工及现场 管理图					
核心 技术	灌水 (米³/亩)	65	55	45	35
	施肥	播前施肥 20 千克/亩,幼苗期和现蕾期灌水时分别追肥 15 千克/亩			
	暗管埋 设参数	暗管比降控制在 0.1%~0.25%,暗管埋深 1.5~1.6 m,间距 20 m			
配套 技术	暗管排水 工程改良 施工技术	暗管管材采用 PVC 波纹管,糙率为 0.016;暗管外包土工布采用 68 g/m² 的透水性 土工布;暗管管头与明沟的外接端采用长度为 1m 左右的 PE 管进行连接。使用 开沟-铺管一体化施工机械-链条式开沟铺管机进行施工			
	向日葵 种植技术	播种前两周时对土地进行一次全面处理,整地深度一般控制在 30~45 cm。科学 选择品种,播种时间应该在 5 月下旬至 6 月上旬。一般采用人工穴播,每穴播种 1 粒种子,播种深度控制在 3~5 cm,行距控制在 65 cm,株距控制在 70~75 cm			
	田间管理 技术	出苗后做好田间检查工作,苗期要做好中耕除草工作,整个苗期一般需进行 2~3 次中耕除草			
	病虫害 防治技术	褐斑病	50%的多菌灵可湿性粉剂,或 70%的甲基硫菌灵可湿性粉剂 800 倍液 喷雾		
		菌核病	可以使用 50% 的速克灵可湿性粉剂 1000 倍液,或 50%的多菌灵可湿性 粉剂 500 倍液,或者 70%的甲基托布津 800 倍液进行喷雾		
		锈病	15%的三唑酮可湿性粉剂 1200 倍液,或者 50%的粉锈宁可湿性粉剂 75 g,兑水 35 g 喷雾		
		列当	48%地乐胺乳油,播种前每亩使用 200 g,或者播种后苗期兑水 20 kg 喷 雾;也可以使用氟乐灵乳油 100 g,播种前或者播种后兑水 20 kg 喷雾		

5.6.1　暗管排水工程盐碱地改良核心技术

1.核心技术(一)

根据两年田间试验成果,构建暗管排水工程加速排盐与地力提升技术。初步确定,研究区防盐渍化排水标准的地下水临界深度为 1.8～2.0 m,在河套灌区中重度盐碱地,暗管比降控制在 1/400～1/1000 左右,暗管埋深 1.5～1.6 m,间距 20 m 的组合是适合该地区的组合模式。河套灌区耕地地力的主要障碍因素有土壤盐渍化程度高和排水不畅,该组合模式可有效降低土壤盐分含量,合理改善田间排水问题。

2.核心技术(二)

据已有成果,向日葵生育期灌溉方式为畦灌,生育期内灌水总定额为 200 米³/亩(幼苗期灌溉 65 米³/亩、现蕾期灌溉 55 米³/亩、开花期灌溉 45 米³/亩和成熟期灌溉 35 米³/亩),灌水矿化度约 1.0 g/L。施肥量的多少直接关系到作物产量、土壤肥力的大小,本研究施肥技术中施肥的品种主要是尿素,施肥量为播前施肥 20 千克/亩,向日葵生育期内在幼苗期和现蕾期灌水时分别追肥 15 千克/亩,总施肥量为50 千克/亩。

5.6.2　暗管排水工程盐碱地改良配套技术

1.施工技术

施工选材:根据本团队已有的研究成果,河套盐渍化灌区中重度耕地建议使用暗管,管材为 PVC 波纹管,糙率为 0.016;暗管外包土工布,建议选用 68 g/m² 的透水性土工布;外包滤料根据当地实际经验选取,散铺外包料的压实厚度在土壤淤积倾向较重、较轻和无淤积地区分别为:>8 cm、4～6 cm 和<4 cm;排水暗管的坡降应控制在1/400 至 1/1000 之间,且在地形平坦地区吸水管埋深差值不宜小于 0.4 m;本地区暗管管头与明沟的外接端建议采用为长度为 1 m 左右的 PE 管进行连接。其他材料严格按照工程设计选取。

施工步骤:施工前,试验研究区周围打田埂,按设计的平面布置测量放线。根据设计深度 H,采用小型挖掘机开挖到 $H+0.1$ m 深度的暗管埋设沟,每开挖 20 m 需检查沟深与纵坡大小,确定暗沟坡降在设计范围内,随后人工铲平沟底,沿坡降方向铺设包裹无纺布的吸水管,暗管周围回填散铺的外包料,最后分层回填原状土。需要注意的是:除紧靠裹滤料 20～30 cm 土料不需要夯实外,其他均要分层夯实;除挖掘机施工外,其余工序均由人工作业完成。同时,使用开沟-铺管一体化施工机械-链条式开沟铺管机进行施工。

2. 向日葵种植技术

播种前精细化整地:一般在播种前两周时对土地进行一次全面处理,清理田间茎秆,使用机械设备对土壤进行翻耕整地,破除根茬,修复旧垄,整地深度一般控制在 30～45 cm。整地结束之后,要确保地面平整、土壤细碎、墒情较好。

向日葵播种:向日葵播种之前应该科学选择品种,选择适应能力较强、抗多种病虫害、增产潜力较大的品种。本研究选取品种为国葵 HF309,该向日葵品种具有较强的抗病能力,是高抗黄萎病、抗倒伏、较耐盘腐型菌核病的新品种。播种时间应该在 5 月下旬至 6 月上旬。一般采用人工穴播,每穴播种 1 粒种子,播种深度控制在 3～5 cm,行距控制在 65 cm,株距控制在 70～75 cm。

3. 田间管理技术

向日葵出苗之后应该做好田间检查工作,缺苗地块及时补种,或者从稠密地块移栽幼苗。苗期要做好中耕除草工作,及时清理田间杂草,维持土壤墒情,破除地表板结。通过有效的中耕除草能够切断土壤的毛细作用,减少水分蒸发,起到保墒的作用,降低土壤盐分。整个苗期一般需进行 2～3 次中耕除草。

4. 病虫害防治技术

向日葵生长周期相对较长,会面临病虫害的威胁,研究区向日葵常见病虫害主要包括褐斑病、菌核病、锈病、列当等。向日葵褐斑病发病初期可以选择使用 50% 的多菌灵可湿性粉剂,或 70% 的甲基硫菌灵可湿性粉剂 800 倍液喷雾。向日葵菌核病发病初期,可以使用 50% 的速克灵可湿性粉剂 1000 倍液,或 50% 的多菌灵可湿性粉剂 500 倍液,或者 70% 的甲基托布津 800 倍液进行喷雾,每隔 7 天使用 1 次,连续使用 2～3 次。向日葵锈病发病初期可以使用 15% 的三唑酮可湿性粉剂 1200 倍液,或者 50% 的粉锈宁可湿性粉剂 75 g,兑水 35 g 喷雾,每隔 7～10 天使用 1 次,连续使用 1～2 次。向日葵开花期是列当出土的旺盛阶段,常用药物为 48% 地乐胺乳油,播种前每亩使用 200 g,或者播种后苗期兑水 20 kg 喷雾;也可以使用氟乐灵乳油 100 g,播种前或者播种后兑水 20 kg 喷雾。

第6章

暗管排水-耐盐牧草双重作用对盐渍土壤-作物系统的影响

6.1 暗管排水-耐盐牧草双重作用对土壤理化性质的影响

6.1.1 暗管排水-耐盐牧草双重作用下土壤结构变化

1. 暗管排水-耐盐牧草双重作用下土壤容重变化

土壤容重是土壤物理性状中的重要指标。盐碱地因 Na^+ 的存在表现为干时板结和湿时黏重。良好的土壤结构可为植物根系和微生物提供良好的生长环境，土壤孔隙还可为盐分淋洗增加通道。如图 6-1 所示，本研究区试验前土壤表层容重最大，[0，60]cm 土层容重随深度增加依次降低。

2020 年试验初期，各处理土壤[0，20]cm 土层(下文中称土壤表层)容重差异不大[见图 6-1(a)]，为 1.553～1.583 g/cm³。2020 年 10 月，各试验处理土壤表层容重较 CK 处理均显著下降，其中 TP3 处理土壤容重最小，TP1、TP2、TP3 处理明显低于其他处理，P1、P2、P3 处理明显低于 CK 处理。暗管排水工程改良措施下苜蓿、甜高粱、苏丹草处理土壤表层容重依次较 CK 处理降低 8.4%、9.8%、10.3%。单独植物处理土壤表层容重均低于 CK 处理，苏丹草容重最小，甜高粱最大，苜蓿、甜高粱、苏丹草处理土壤表层容重分别较 CK 处理降低 5.0%、4.4% 和 5.2%，苜蓿和苏丹草间差异不显著($P<0.05$)。暗管排水工程改良措施下种植苜蓿、甜高粱、苏丹草处理的土壤表层容重均低于其单独种植植物，暗管与植物协同处理较单独植物处理土壤容重低 3.6%～5.6%，暗管排水-耐盐牧草双重作用对降低土壤表层容重效果更佳。

如图 6-1(a)所示,2021 年 4 月土壤表层容重较 2020 年收获后呈明显增大趋势,增幅为 0.010～0.096 g/cm³,这是由冬季冻融及无植物生长所致,其中 TP2、TP3 处理增幅较大。2021 年 10 月,土壤表层容重较本年度初有明显下降,各处理降幅为 0.012～0.184 g/cm³。TP1、TP2、TP3 处理表层容重显著低于其他处理,其中 TP1 处理最低,TP2 和 TP3 处理差异不显著($P>0.05$),依次较 CK 处理降低 17.3%、14.9%、14.8%。P1、P2、P3 处理表层容重均比对照低 8.4%、7.8%、9.3%。暗管排水工程改良措施下种植苜蓿、甜高粱、苏丹草较单独种植牧草处理的土壤容重降低了 0.087～0.140 g/cm³。经过两年田间试验与示范,各处理土壤表层容重较试验前降低了 0.033～0.263 g/cm³,按降幅大小依次为 TP1>TP3>TP2>P3>P1>P2>T>CK,暗管排水-耐盐牧草双重处理降幅比 CK 处理提高 0.205～0.250 g/cm³,单独植物处理降幅比 CK 处理提高 0.094～0.141 g/cm³。单独暗管处理降幅较小,仅比 CK 处理提高 0.027 g/cm³。

图 6-1(b)为[20,40)cm 土层(下文中称土壤次表层或耕作层)土壤容重变化情况。2020 年 4 月,各处理土壤次表层容重为 1.514～1.534 g/cm³,2020 年收获后,暗管-植物协同处理与单独植物处理相比容重明显下降,其中 TP1 处理容重降低值最大,TP3 处理次之,单独植物处理降幅排序为 P1>P3>P2,单独暗管 T 处理和 CK 处理次表层容重均较试验前有所增加。2021 年 4 月,除 T 处理,其余处理次表层容重均较前一年收获期有所增大,和表层土壤表现一致,TP2 和 TP3 处理增幅最大。2021 年 10 月,各处理容重为 1.301～1.543 g/cm³,两年容重降幅均以 TP1 处理最大。试验两年后,各处理次表层土壤容重降幅大小依次为 TP1>TP3>P1>TP2>P3>P2>T>CK。各暗管排水-耐盐植物处理容重降幅较高,且种植苜蓿的处理也对降低土壤次表层容重表现较好。

[40,60]cm 土层(下文中称土壤心土层)土壤容重变化如图 6-1(c)所示。2020 年末,除 CK 处理外,其他各处理容重均有所降低,其中 TP1 容重最低,为 1.33 g/cm³。2021 年 4 月,TP1 同样增幅最小,这是由于苜蓿是多年生植物,秋季收获地上部分后根系并未移除,起到了稳固土壤结构的作用。2021 年 4 月至 10 月,除了 T 和 CK 处理,其余处理土壤心土层土壤容重均明显下降,其中暗管排水-植物处理降幅高于单独植物处理,种植苜蓿的处理均高于其他两种植物。2020 年 4 月至 2021 年 10 月,各处理土壤心土层土壤容重降低值由高到低排序为 TP1>TP3>TP2>P1>P3>P2>T>CK。

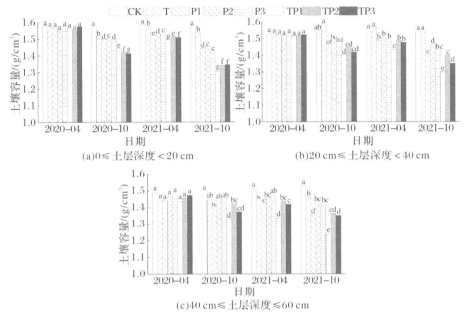

图 6-1　2020 年和 2021 年土壤容重变化

由表 6-1 可知,各处理[0,60]cm 土壤随土层加深容重降低率减小,这是由于植物根系在土壤表层较发达,根系的穿插作用使土壤孔隙增多,改善了土壤结构。2020 年 TP3 处理[0,60]cm 土层平均容重降低率最大,2021 年 TP1 处理容重降低率最大,两年平均容重降低率最大的仍是 TP1 处理,这是由于苜蓿是多年生植物,随着年限增长,根系逐渐延伸至土壤深层,改变了土壤原有结构。单独种植耐盐植物容重降低率表现为苜蓿＞苏丹草＞甜高粱,甜高粱对土壤容重改善效果较差。单独暗管处理两年后容重降低了 0.17％,而 CK 处理[0,60]cm 土层平均容重增加了0.83％,这是由于单独暗管处理下有部分杂草生长,降低了土壤表层容重,而 CK 处理杂草较少,加之人为及动物踩踏导致容重增加。

表 6-1　各处理土壤容重降低率

时间	土层/cm	各处理容重降低率/％						
		CK	T	P1	P2	P3	TP1	TP2	TP3
2020 年	[0,20)	0.44	3.37	4.69	3.11	5.29	7.91	8.44	10.29
	[20,40)	−1.04	−3.79	3.8	1.71	3.39	7.4	4.55	6.89
	[40,60]	−0.38	0.28	2.91	1.3	1.96	7.38	2.26	6.87
	[0,60]	−0.33	−0.05	3.80	2.04	3.55	7.56	5.08	8.02

时间	土层/cm	各处理容重降低率/%							
		CK	T	P1	P2	P3	TP1	TP2	TP3
2021 年	[0,20)	0.76	2.62	4.81	4.72	7.02	12.36	11.4	10.98
	[20,40)	0.9	1.66	5.65	2.59	4.34	9.34	5.91	8.66
	[40,60]	−0.86	−1.25	4.64	2.13	3.53	7.04	5.22	4.81
	[0,60]	0.27	1.01	5.03	3.15	4.96	9.58	7.51	8.15
2020—2021 年	[0,20)	0.38	2.13	8.07	6.45	9.35	16.77	13.57	14.73
	[20,40)	−0.59	−0.78	7.93	3.49	6.65	14.07	7.65	11.41
	[40,60]	−2.28	−0.83	5.83	2.8	4.05	13.58	6.45	8.34
	[0,60]	−0.83	0.17	7.28	4.25	6.68	14.81	9.22	11.49

注：2020—2021 年容重降低率为 2020 年 4 月试验前到 2021 年 10 月收获后土壤容重降低幅度。

图 6-2 为 2020 年 4 月至 2021 年 4 月、2020 年 10 月至 2021 年 10 月两个周年间的[0,60]cm 土层平均容重对比。2021 年 4 月,CK 和 T 处理容重较 2020 年 4 月略有增加,增幅分别为 1.08%、0.88%,耐盐植物处理容重均低于 2020 年 4 月,P1、P2、P3、TP1、TP2、TP3 处理分别降低了 2.4%、1.2%、1.8%、5.7%、1.9%、3.7%。一年后无植物处理容重升高,是由于灌水、人畜踩踏所致,植物处理容重降低是由于植物根系穿透作用,增大了土壤孔隙。暗管排水-植物处理容重降幅均高于单独植物处理,是由于暗管排水措施促进了植物生长,使植物根系更加发达,改善了土壤结构。

2021 年 10 月,CK 处理土壤容重较 2020 年 10 月升高了 0.5%,其他处理均低于 2020 年 10 月,T 处理降幅最小,为 0.23%,P1、P2、P3、TP1、TP2、TP3 处理分别降低了 3.6%、2.3%、3.3%、7.9%、4.4%、3.9%。有暗管和无暗管条件下苜蓿处理降幅均最高,这是由于苜蓿作为多年生植物,根系较发达,可对深层土壤容重起到改善作用。

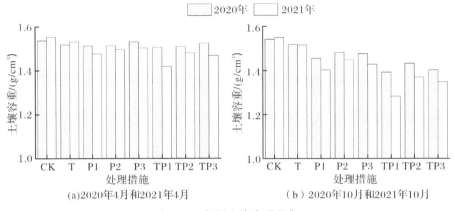

图 6-2 年际土壤容重变化

2. 暗管排水-耐盐植物双重作用下土壤孔隙度变化

图 6-3 为各处理两年间孔隙度变化情况。[0,60]cm 土层土壤孔隙度随时间变化基本呈先升高后降低再升高的波动式上升趋势。试验初期,各处理表层孔隙度为 40.26%～41.40%,处理间差异不大[见图 6-3(a)]。2020 年收获后,各处理表层孔隙度较年初均升高,其中 TP1、TP2、TP3 处理涨幅较高,分别比 P1、P2、P3 处理高 1.9%、3.1%、3.0%。经过一个冬季农田休闲期,2021 年 4 月,各处理孔隙度明显下降,下降至 40.0%～43.8%。2021 年收获后,各植物处理孔隙度较年初增加了 2.72%～6.94%,CK 和 T 处理仅增加了 0.5% 和 1.6%。2020 年 4 月至 2021 年 10 月,P1、P2、P3、TP1、TP2、TP3 处理土壤表层孔隙度分别增加了 11.8%、9.2%、13.8%、24.3%、19.2%、21.6%。暗管排水-植物双重作用下土壤孔隙度高于单独植物处理,单独植物处理孔隙度高于 CK 和 T 处理。

土壤次表层孔隙度变化如图 6-3(b)所示。2020 年初,各耐盐植物处理的土壤次表层孔隙度差异较小,集中在 42% 左右。2020 年 10 月,经过一个完整生育期后,各耐盐植物处理次表层孔隙度均高于年初,集中在 43.66%～47.09%,且暗管排水措施下的孔隙度增幅高于单独植物处理。CK 和单独暗管处理 T 的孔隙度较年初反而分别降低了 0.6% 和 2.19%。2021 年春,除了 T 处理,其他处理次表层孔隙度均较 2020 年收获后有所降低,各处理孔隙度范围为 40.79%～45.85%。2021 年收获后,种植耐盐植物处理的土壤次表层孔隙度较年初增加了 1.5%～5.1%,其中暗管排水措施种植下的植物孔隙度涨幅高于单独植物处理,CK 和 T 处理仅增加了 0.53% 和 0.98%。试验两年后,各植物处理土壤次表层孔隙度均高于试验初期,P1、P2、P3、TP1、TP2、TP3 处理孔隙度增幅分别为 10.8%、4.7%、

9.1％、18.8％、10.2％、15.4％，暗管排水-植物双重作用下较单独植物处理增幅高。但 CK 和 T 处理土壤次表层孔隙度分别降低了 0.8％和 1.1％。这说明耐盐植物可明显增加土壤次表层的孔隙度,究其原因是植物根系的穿插作用增加了土壤孔隙度。

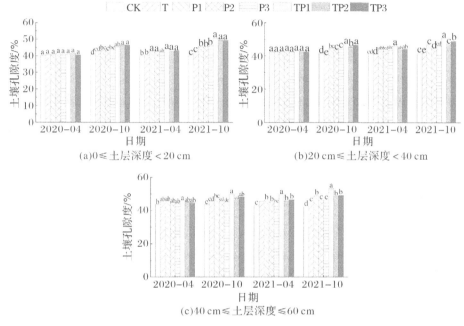

图 6-3　2020 年和 2021 年土壤孔隙度变化

图 6-3(c)为各处理土壤心土层孔隙度随时间的变化情况。2020 年初,各处理孔隙度为 43.66％～45.81％。2020 年末,各处理土壤心土层孔隙度均升高,增幅最大的为 TP1 处理,其次为 TP3 处理,分别升高 4％和 3.77％,CK 处理孔隙度不升反降。2021 年春,各处理孔隙度较 2020 年收获后均有所下降,孔隙度为 42.87％～49.62％,年末除了 T 和 CK 处理,其他处理孔隙度较 2021 年初均升高,且暗管下耐盐植物及单独苜蓿处理涨幅较大。试验两年后,各耐盐植物处理土壤心土层孔隙度均高于试验前,P1、P2、P3、TP1、TP2、TP3 处理孔隙度增幅分别为 6.97％、3.48％、5.12％、16.06％、7.89％、10.46％,而 CK 和 T 处理分别降低 2.94％和 1％。有暗管排水措施和单独种植条件下,苜蓿处理孔隙度增幅均高于甜高粱和苏丹草,说明种植苜蓿对增加土壤心土层孔隙度效果较好。

图 6-4 为 2020 年 4 月与 2021 年 4 月、2020 年 10 月与 2021 年 10 月两个周年间各处理的平均孔隙度对比图。由图 6-4 可知,2020 年 4 月和 2021 年 4 月间

孔隙度变化幅度小于 2020 年 10 月和 2021 年 10 月。2020 年 4 月至 2021 年 4 月，一年间 CK 和 T 处理孔隙度分别降低了 1.52％、1.19％，P1、P2、P3、TP1、TP2、TP3 处理孔隙度分别增加了 3.19％、1.55％、2.50％、7.55％、2.48％、4.94％，3 种植物土壤孔隙度的变化规律同土壤容重一致，增幅排序为苜蓿＞苏丹草＞甜高粱。可见，苜蓿根系对土壤结构影响较大。2021 年 10 月，除了 CK 处理孔隙度略低于 2020 年 10 月，其他处理均高于 2020 年 10 月，T、P1、P2、P3、TP1、TP2、TP3 处理一年间孔隙度增幅分别为 0.31％、4.41％、2.88％、4.12％、8.72％、5.14％、4.32％，且有植物处理孔隙度增幅高于单独暗管处理（植物根系增加了耕作层土壤孔隙度），暗管-植物处理增幅高于单独植物处理（暗管排水措施促进了植物根系生长，增强了对土壤孔隙度的改善效果）。

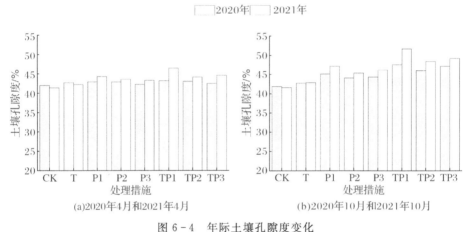

(a)2020年4月和2021年4月　　　　(b)2020年10月和2021年10月

图 6-4　年际土壤孔隙度变化

6.1.2　暗管排水-耐盐牧草双重作用下土壤养分变化

1.暗管-植物双重作用下土壤有机质含量变化

有机质是富含植物所需营养元素的有机化合物，主要由植物根系、脱落的枝叶、动物和微生物残体分解而来，是土壤肥力指标之一。有机质不但可当作矿质营养被植物吸收，而且可以为土壤中的微生物提供营养物质和优化土壤理化性质，是植物健康生长发育的重要保障，因此，提高盐碱土中的有机质含量是治理盐碱地的一个主要目标。

由图 6-5 可知，试验两年后，各处理中 P1 处理[0,60]cm 土层土壤有机质含量均最高，各处理土壤有机质含量随土层加深而减少。通过对 2020 年和 2021 年 [0,20)cm 土层有机质含量的分析发现[见图 6-5(a)]，单独暗管无植物 T 处理有机质含量随时间总体呈下降趋势,试验一年后有机质含量较试验前下降17.7%,两年共下降21.7%,说明暗管在淋洗盐分过程中同时将相当含量的有机质带走。随时间推移,种植耐盐植物 P1、P2、P3 处理土壤表层有机质含量逐渐增加,其中 P1 处理在一年收获后有机质含量增幅最大,为 8.8%,较 P2 和 P3 分别高 4.6%、4.1%。2021 年,3 种耐盐植物收获期有机质含量较年初增幅无显著差异,增幅为 4.3%~4.8%。

2020 年 4 月到 2021 年 4 月的一年间,CK 处理表层土壤有机质含量变化不显著($P<0.05$),T 处理显著降低,P1、P2、P3 处理均显著增加,TP1 和 TP3 处理均有下降,但降幅不显著,TP2 处理显著降低。2020 年 10 月到 2021 年 10 月,CK 处理表层土壤有机质含量略有上升,T 处理有所下降,但变化均不显著;P1、P2、P3 处理均显著增加,TP1、TP2、TP3 处理均略有升高,但增幅不显著。

两年试验后,P1、P2、P3 处理表层有机质含量较试验初期分别增加了 19.6%、11.8%、10.7%,苜蓿处理的土壤有机质含量高于甜高粱和苏丹草,主要是因为其根系发达,改善了土壤结构,为微生物提供了适宜的生存环境,根系残体及微生物分解后提高了土壤有机质含量。TP1、TP2、TP3 处理的有机质含量均随时间的推移呈下降—升高—下降的趋势,第一年试验结束,暗管-植物处理有机质含量较试验前降低幅度为 11.4%~12.8%,第二年降幅为 5.1%~6.8%,试验两年后,土壤表层有机质含量分别较试验初期减少了 6.3%、9.9%、10.9%。暗管-植物双重作用使土壤有机质含量下降幅度低于单独暗管处理,说明在因暗管排水作用导致养分流失的同时,种植牧草增加了土壤表层有机质的含量,这与植物枯枝落叶及根系的分解作用有关。

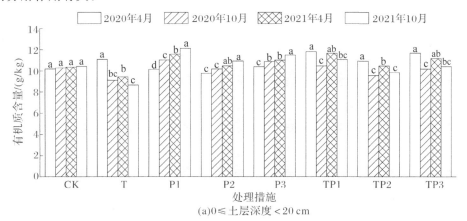

(a)0≤土层深度<20 cm

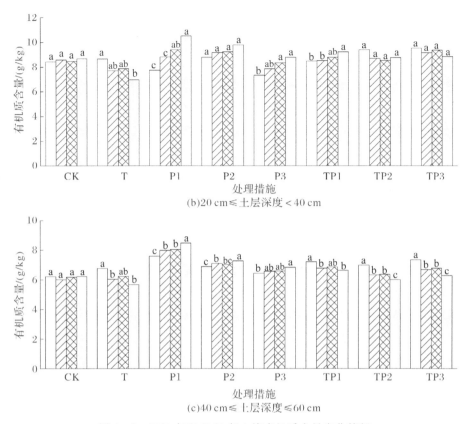

图 6-5 2020 年和 2021 年土壤有机质含量变化特征

单独暗管 T 处理[20,40)cm 土层有机质含量变化趋势与[0,20)cm 土层相似[见图 6-4(b)],第一年和第二年有机质含量降低幅度差异不大,两年后较试验初期有机质含量降低 19.4%。耐盐植物处理次表层有机质含量均随时间推移逐渐升高,增幅最大的是 P1 处理,两年增幅为 35.9%,P2、P3 处理分别为 11.3%、19.8%。3 个暗管-植物处理土壤次表层有机质含量随时间变化趋势差异较大,TP1 处理总体呈升高趋势,TP2 和 TP3 处理呈下降趋势,TP1 处理第一年升高了0.4%,第二年高于第一年,增幅为 5.0%,而甜高粱和苏丹草第一年分别降低7.4%和 3.8%,第二年分别降低 2.8%和 5.6%。3 种植物土壤有机质含量变化规律不同是由于苏丹草和甜高粱是一年生植物,[20,40)cm 土层根系较少,且春播时人为的扰动导致有机质有一定的流失,而苜蓿是多年生植物,根系发达,能延伸到较深土层,从而改善了土壤结构,增加了有机质含量。

试验一年后,2021 年 4 月 CK、T 和 P2 处理土壤次表层有机质含量较 2020 年

4 月变化不显著,P1、P3 处理显著增加,这是由于苜蓿和苏丹草的根系较发达,经过一个冬季的分解,增加了土壤有机质含量。暗管-植物处理 TP1 略有升高,TP2 和 TP3 处理均有下降,但 3 个处理变化均不显著。2020 年 10 月到 2021 年 10 月,CK 处理土壤次表层有机质含量变化不明显,T 处理略有下降,P1、TP1 处理显著升高,P2 和 P3 处理均有升高,但变化不显著,TP2 和 TP3 处理变化不明显。

2020 年 4 月到 2021 年 4 月,试验一年后各暗管处理土壤心土层有机质含量降低了 4.7%~8.7%,而单独植物处理有机质含量均升高,增幅为 1.9%~6.1%。2020 年 10 月到 2021 年 10 月,整个生育期暗管-植物处理与单独暗管 T 处理土壤心土层有机质含量均降低,降幅为 2.1%~6.0%,P1、P2、P3 处理分别增加了 6.1%、2.5%、4.1%。试验初期到末期,两年时间单独暗管 T 处理土壤心土层有机质含量降低 16.1%,降幅低于[0,40)cm 土层[见图 6-5(c)]。耐盐植物 P2、P3 处理土壤有机质含量呈小幅上升规律,P1 处理涨幅较大,两年有机质含量升高 11.7%。暗管-植物处理土壤有机质含量总体均呈下降趋势,TP1、TP2、TP3 处理有机质含量降低 0.57~1.06 g/kg,TP3 处理降幅最大。

综上,暗管处理在淋洗盐分的同时,伴随着[0,60)cm 土层有机质大量流失,种植苜蓿、甜高粱、苏丹草可有效提高[0,40)cm 土层有机质含量,其中种植苜蓿效果最佳。暗管-植物处理土壤有机质含量也呈下降趋势,但降幅远低于单独暗管处理,因为植物作用增加了有机质含量,提高了土壤肥力。因此,在暗管排盐的同时,要加强对土壤的培肥。

2. 暗管-植物双重作用下土壤碱解氮含量变化

土壤氮素是植物生长所必需的营养元素之一,是植物从土壤中吸收量最大的营养元素,氮素的缺失直接影响植物的正常生长。本节对暗管和不同耐盐植物组合处理下土壤碱解氮含量动态变化进行分析,如图 6-6 所示。各处理土壤[0,60]cm 土层碱解氮含量随土层加深而降低。除 CK 和 P1 处理外,其他处理年尾土壤表层的碱解氮含量均低于年初,且 2021 年 4 月的碱解氮含量均高于 2020 年收获后,这与植物在生育期吸收氮素有关,并且土壤通过休闲期积累碱解氮。各处理对不同土层碱解氮含量影响规律不同。

2020 年播种前,各处理[0,20)cm 土层碱解氮含量为 38.56~42.59 mg/kg,差异较小,这是因为前一年各试验区均匀地灌水施肥,秋浇后未进行人为扰动,各处理土壤表层碱解氮含量水平较一致[见图 6-6(a)]。第一年试验后,CK 处理土壤表层碱解氮含量较试验前降低了 7.2%,年初与年尾差异性显著($P<0.05$),

2020 年初至 2021 年尾,碱解氮含量总体呈波浪式下降趋势,试验末较试验初期降低了 8.3%。单独暗管 T 处理两年试验后土壤表层碱解氮含量较试验初期降低了 17.9%,暗管排水措施依然伴随着表层碱解氮的流失。试验第 2 年,耐盐植物 P1 处理土壤碱解氮变化规律与 P2、P3 处理差异较大,P1 处理在 2021 年末碱解氮含量较 2021 年初仅下降了 2.6%,P2 和 P3 处理分别降低了 7.7% 和 9.3%。两年试验后,P1 处理碱解氮含量较试验前增加了 3.6%,而 P2、P3 处理分别降低了 13.4% 和 15.3%,说明苜蓿的固氮能力强于甜高粱和苏丹草,增加了土壤中的氮元素。TP1、TP2、TP3 处理的碱解氮含量均呈波浪式下降趋势,氮元素在植物生长期随灌水被暗管排走以及被植物吸收,两年试验后碱解氮含量较试验初期分别降低了 9.4%、25.2%、27.0%,暗管-苜蓿处理碱解氮流失量最少。暗管-植物双重作用下碱解氮降低率高于单独耐盐植物处理,说明暗管措施加速了土壤表层碱解氮的流失。

各处理[20,40)cm 土层碱解氮含量变化规律如图 6-6(b)所示,试验初期碱解氮含量为 34.41~38.24 mg/kg,均低于表层土壤碱解氮含量。单独暗管 T 处理碱解氮含量呈下降趋势,2020 年和 2021 年分别降低了 12.9%、4.3%。耐盐植物 P1、P2、P3 处理土壤次表层碱解氮含量变化规律与表层基本一致,两年试验后,P1 处理碱解氮含量增加了 4.3%,但 P2、P3 处理分别降低了 8.3%、11.0%,降幅低于表层土壤。暗管-植物处理两年后碱解氮含量均较年初有所下降,2020 年降幅为 9.0%~14.0%,2021 年降幅为 3.7%~10.8%,其中暗管-苜蓿处理降幅最小,暗管-甜高粱和暗管-苏丹草处理差异不大。

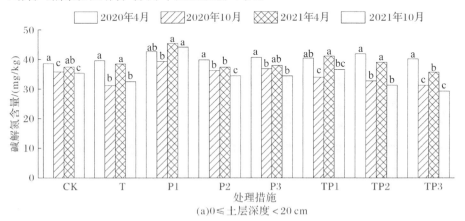

(a)0≤土层深度<20 cm

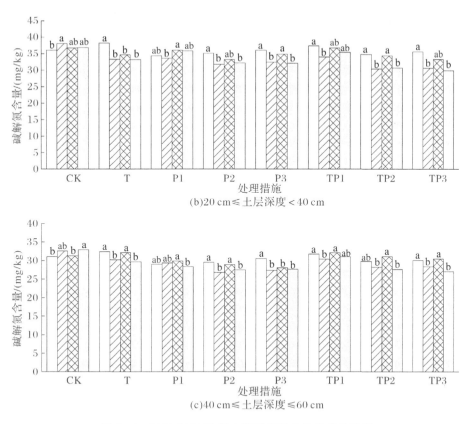

(b)20 cm≤土层深度<40 cm

(c)40 cm≤土层深度≤60 cm

图 6-6　2020 和 2021 年土壤碱解氮含量的变化特征

　　各处理土壤心土层碱解氮含量整体变化幅度低于表层和次表层,T 处理 2021 年末较试验初期降低了 8.4%;3 种耐盐植物中苏丹草降幅最大,为 9.28%,苜蓿降幅仅为 2.14%;暗管-植物 TP1、TP2、TP3 处理降幅分别高于其单独植物处理。综上所述,各处理碱解氮含量均表现为植物生育期减少,休闲期增大。单独暗管 T 处理[0,60]cm 土层碱解氮含量均较试验前有所降低,表层降幅最大。单独种植苜蓿可有效增加土壤碱解氮含量,而苏丹草降幅最大。暗管-植物双重作用下碱解氮含量降幅高于单独种植植物,说明暗管措施带走了较多的碱解氮。

3. 暗管-植物双重作用下土壤速效磷含量变化

　　速效磷是土壤中可被植物直接吸收利用的部分,因此速效磷被认为是衡量土壤肥力的重要指标之一。暗管-植物处理[0,60]cm 土层速效磷含量变化如图6-7所示。由图6-7可知,随土层加深速效磷含量逐渐降低。CK 处理两年试验期[0,20)cm 土层速效磷含量呈降低趋势,但降幅较小,各时间段含量差异不显著[见

图6-6(a)]。T处理速效磷含量2020年和2021年均有所降低,试验末期较初期降低3.22 mg/kg,降幅为32.7%,可见暗管处理速效磷流失较为明显。单独植物处理速效磷含量均表现为波动式上升趋势,但2020年和2021年年末都低于年初含量,2020年和2021年P1处理速效磷含量降幅分别为17.2%和10.2%,试验末期速效磷含量较初期显著增加18.5%。P2和P3处理增幅低于P1处理,试验末期速效磷含量较初期分别增加13.56%和11.77%。P1、P2和P3处理2021年4月速效磷含量较2020年10月份分别增加了5.01 mg/kg、4.36 mg/kg和4.72 mg/kg。暗管-植物处理速效磷含量试验末期均低于试验初期,降低值为1.27~1.96 mg/kg,3种植物差异不显著。可见,单独种植耐盐植物处理速效磷含量高于其他处理。暗管-植物处理速效磷流失率低于单独暗管处理,说明种植耐盐植物可适当补充因暗管淋洗掉的速效磷。

图6-7(b)为不同措施下[20,40)cm土层速效磷含量变化情况。CK处理与表层土壤变化趋势一致,呈下降趋势,速效磷总降幅为4.9%。单独暗管T处理2020年和2021年降幅分别为20.5%、12.1%,两年总降幅为18.9%,试验末期和初期差异显著。耐盐植物P1、P2、P3处理速效磷含量试验末期较初期分别增加12.4%、9.4%、8.7%,差异均不显著。暗管-植物处理速效磷含量总体呈下降趋势,降幅为5.3%~14.3%,其中暗管+苜蓿处理降幅最小。

各处理土壤心土层速效磷含量变化幅度较小[见图6-7(c)]。2020年10月,各处理心土层速效磷含量均低于2020年4月,TP3处理降幅最大,为11.28%。试验两年后,单独暗管处理速效磷含量较试验前降幅最大,为10.13%,CK处理降幅为5.5%,TP1、TP2、TP3处理降低了4.3%、8.0%、10.0%。综上,暗管处理对速效磷淋洗量较大,种植苜蓿对增加土壤速效磷的效果较好,甜高粱和苏丹草差异不明显。

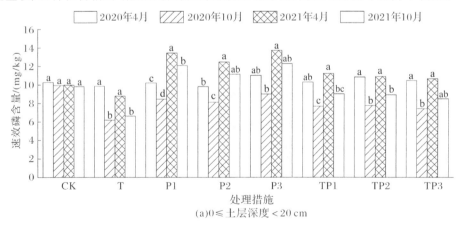

(a)0≤土层深度<20 cm

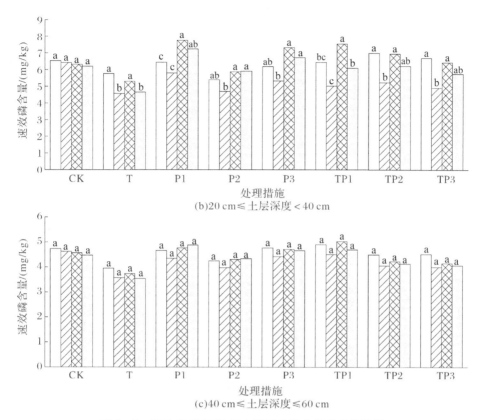

(b)20 cm≤土层深度＜40 cm

(c)40 cm≤土层深度≤60 cm

图 6-7　2020 年和 2021 年土壤速效磷含量的变化特征

4.暗管-植物双重作用下土壤速效钾含量变化

不同改良措施下土壤速效钾含量变化趋势如图 6-8 所示。随土层加深,速效钾含量逐渐降低,降幅大小依次为表层＞次表层＞心土层。土壤表层 CK 处理两年内速效钾含量随时间变化而降低[见图 6-8(a)],降幅为 8.2％。T 处理呈波浪式下降趋势,试验末期较初期降低了 13.6％,相比其他肥力指标值,速效钾的淋失率最小。P1 处理两年年末速效钾含量分别较年初降低 4.6％、2.1％,但试验末期较初期增加了 3.8％,P2 和 P3 处理两年总降幅均为 4.5％,说明甜高粱和苏丹草对速效钾的吸收利用量较大。TP1、TP2、TP3 处理 2020 年速效钾含量分别降低 11.5％、14.9％、15.7％,均高于单独暗管及植物处理,2021 年变化规律与 2020 年相似,TP1 和 TP2 处理试验末期较初期降低了 7.2％和 12.3％。

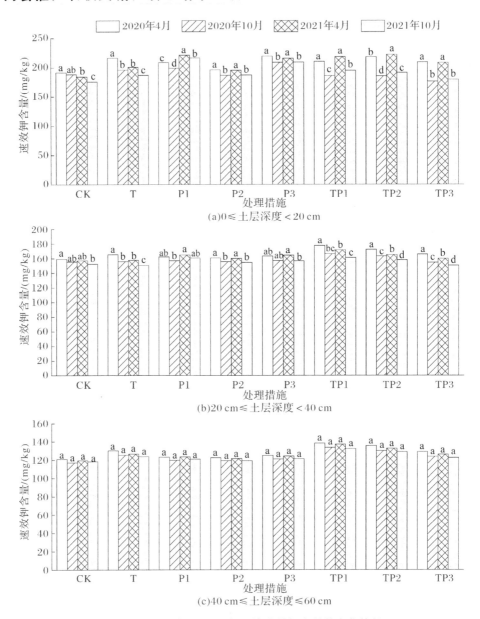

图6-8 2020年和2021年土壤速效钾含量的变化特征

不同改良措施土壤次表层速效钾含量变化如图6-8(b)所示,试验末期速效钾含量均低于试验初期。CK处理两年内呈下降趋势,总降幅为4.2%,T处理两年内降幅为8.9%。单独种植耐盐植物P1处理速效钾总降幅最低,试验初期与末期差异不显著($P<0.05$),P2处理降幅与P3处理差异不大,分别为3.8%和

4.1%。暗管-植物处理两年试验后速效钾含量均显著降低,降幅为 7.3%～9.1%,高于单独种植植物处理,与 T 处理差距不大。土壤心土层[见图 6-8(c)]试验末期速效钾含量均低于试验初期,但降幅较小,除 TP3 处理,其他处理试验末期和初期速效钾含量差异不显著。

6.2　暗管排水-耐盐牧草双重作用对土壤水盐含量的影响

6.2.1　暗管排水-耐盐牧草双重作用下土壤含水率变化

土壤水分是盐渍土盐分运移的载体,是养分输送的重要媒介,同时影响着植物生长。在暗管排水措施及不同植物种植下,各土层含水率随灌水整体呈阶段性变化,但变化幅度各异。

2020 年和 2021 年土壤表层含水率变化如图 6-9 所示。土壤表层含水率随灌水均呈"M"形变化,灌水后含水率明显升高。一水前,2020 年各处理土壤表层含水率为 15.82%～17.95%,差异不明显,单独暗管 T 处理最低,3 种单独植物处理高于其对应暗管-植物处理[见图 6-9(a)]。一水后,各处理含水率增加了1.1%～2.8%,单独植物处理 P1、P2、P3 高于其他处理。暗管-植物处理含水率低于单独植物处理,说明暗管工程排水效果显著($P < 0.05$),且高于单独暗管 T 处理,说明植物提高了土壤表层覆盖度,减少了水分蒸发。7—8 月气温较高,蒸发作用较强,二水前各处理土壤含水率较一水后有不同程度的降低。二水后,暗管-植物处理含水率与单独种植植物差异不大,主要原因可能是植物根系逐渐发达,增加了土壤持水力,抵消了一部分暗管对表层土壤的排水作用。收获后,CK 和 T 处理差异不大,P1、P2、P3 处理较 TP1、TP2、TP3 处理含水率分别高 1.4%、1.5%、0.8%。

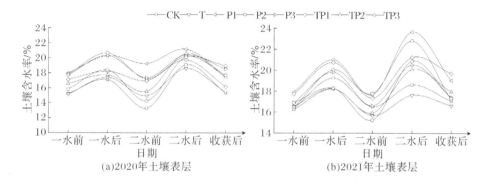

(a)2020年土壤表层　　　　(b)2021年土壤表层

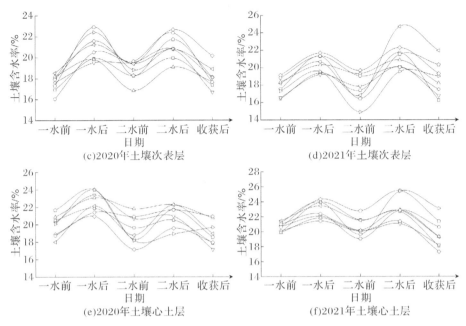

图 6-9 暗管-植物措施土壤含水率的变化

2021 年一水前土壤表层含水率为 16.3%~17.9%,P1 和 TP1 处理显著高于其他处理,这是因为苜蓿是多年生植物,返青时间早,地面覆盖度较高,减少了水分蒸发。各处理一水后较一水前均有增加,涨幅为 8.4%~22.0%。二水后较二水前含水率增加 12.5%~37.0%,增幅高于一水前后。收获后,P1 和 TP1 处理土壤表层含水率显著高于其他处理,较 CK 处理分别高 11.6%、15.6%,其他处理差异较小,表明苜蓿处理提高土壤含水率的效果较好。

各处理土壤耕作层含水率两年变化规律如图 6-9(c)、(d)所示。2020 年,一水前各处理含水率为 16.0%~17.9%,差异较小[见图 6-9(c)]。一水后,各处理含水率增加了 1.6%~5.6%,二水后较二水前增加了 1.3%~3.4%,TP1 和 TP3 处理高于其他处理。收获后,TP1 处理含水率最高,较 CK 处理提高了 16.3%,说明暗管排水下种植苜蓿可显著增加土壤次表层含水率。2021 年,一水前土壤次表层含水率为 16.41%~19.14%,TP1 处理含水率最高[见图 6-8(d)]。一水后含水率较一水前增加了 2.0%~3.8%,各处理涨幅差异不大。二水后含水率涨幅高于一水前后,P1 和 TP1 处理显著高于其他处理,说明苜蓿根系持水能力较强。收获后,单独种植耐盐植物处理土壤次表层含水率均高于暗管下种植耐盐植物处理,说明暗管排水作用可明显降低土壤次表层含水率。3 种植物相比,苜蓿次表层含水率高于甜高粱和苏丹草,试验结果与 2020 年相同。

图 6-9(e)、(f)为 2020 年和 2021 年各处理土壤心土层含水率变化情况。一水前,2020 年含水率为 18.0%～21.7%[见图 6-9(e)],高于土壤表层和次表层,[0,60]cm 土壤含水率随土层加深而逐渐增大。一水后,各处理含水率较一水前增加了 1.4%～4.1%,二水后较二水前增加了 0.3%～3.5%,2 次灌水 P1 处理含水率涨幅最大。收获后,单独植物处理和暗管-植物处理含水率均高于 CK 和 T 处理,说明植物可有效增加土壤心土层水分含量。2021 年一水前,各处理含水率差异不大,一水后,各处理含水率明显高于一水前,集中在 21.4% 至 23.9% 之间[见图 6-9(f)]。二水后,各处理出现了不同涨幅,3 种植物处理涨幅按大小排序为苏丹草＞甜高粱＞苜蓿。收获后,除 TP1 处理,其他处理含水率均高于 CK 和 T 处理,TP1、TP2、TP3 处理分别高于其单独植物处理,且有暗管和无暗管下,苜蓿含水率最低,可能是因为其根系较深,穿插作用使水分随孔隙排走,而甜高粱和苏丹草根系主要集中于土壤表层和次表层,对土壤心土层影响较小。

综上,暗管-植物处理[0,60]cm 土层含水率随土层深度加深而增大,暗管-植物处理含水率高于 CK 和 T 处理。同时,苜蓿有助于提高土壤表层和耕作层含水率,但心土层含水率低于甜高粱和苏丹草。

6.2.2　暗管排水-耐盐牧草双重作用下土壤全盐量变化

图 6-10 为两年间各处理土壤表层随时间变化全盐量变化情况。两年各处理土壤全盐量均呈下降趋势,收获后有所升高。2020 年春灌后即播种前各处理表层全盐量下降 0.86～1.16 g/kg,脱盐率为 16.93%～22.83%,各处理全盐量范围为 3.92～4.22 g/kg,差异不显著[见图 6-10(a)]。一水后,各处理全盐量降至 3.25～3.98 g/kg,脱盐率为 5.46%～18.23%,P1 及 3 个暗管-植物处理全盐量均显著低于 CK 处理,3 种植物差异不显著。二水后,各处理全盐量较一水后降低 0.14～1.12 g/kg,暗管-植物处理降幅最大,TP1、TP2、TP3 处理脱盐率分别为 28.49%、16.00%、33.33%(见表 6-2)。收获后,各处理全盐量较二水后有所升高,CK 处理显著高于其他处理,暗管-植物处理显著低于其他处理,3 种植物处理中,P2 处理显著高于 P1 和 P3 处理。2020 年春灌前到收获后,CK、T、P1、P2、P3、TP1、TP2、TP3 处理土壤表层脱盐率分别为 9.84%、18.70%、31.10%、22.64%、25.98%、42.52%、32.48%、45.80%。

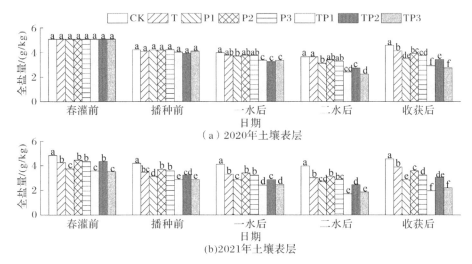

图 6-10　暗管-植物措施下土壤表层全盐量变化

表 6-2　2020 年各处理土壤脱盐率

日期	土层	各处理土壤脱盐率/%							
		CK	T	P1	P2	P3	TP1	TP2	TP3
春灌前后	[0,20)cm	17.13	19.82	17.32	17.72	16.93	20.64	22.83	19.11
	[20,40)cm	11.24	14.69	12.97	10.95	13.83	15.85	15.13	16.65
	[40,60]cm	11.21	12.23	9.91	9.05	8.19	10.99	13.03	11.96
一水前后	[0,20)cm	5.46	7.20	11.67	9.57	10.66	16.41	17.09	18.23
	[20,40)cm	6.49	6.09	10.60	8.41	11.04	16.10	19.53	18.74
	[40,60]cm	3.88	3.26	8.61	7.11	7.04	8.47	11.29	10.89
二水前后	[0,20)cm	8.54	3.7	15.90	10.32	12.73	28.49	16.00	33.33
	[20,40)cm	6.60	3.96	13.33	9.54	8.27	22.04	4.64	16.60
	[40,60]cm	5.56	1.52	8.38	5.61	7.58	22.22	3.91	10.44
春灌前至收获后	[0,20)cm	9.84	18.70	31.10	22.64	25.98	42.52	32.48	45.81
	[20,40)cm	9.22	14.41	26.51	18.73	20.17	41.21	29.11	38.04
	[40,60]cm	8.19	9.91	17.67	12.50	13.36	34.91	20.69	25.00

2021 年春灌前各处理表层土壤全盐量为 3.52～4.85 g/kg[见图 6-10(b)],较 2020 年收获后有不同程度提升。春灌后各处理土壤全盐量降至 2.86～4.19 g/kg,脱盐率为 13.61%～25.12%,一水、二水脱盐率分别为 1.91%～15.73%、3.41%～29.05%(见表 6-3)。2021 年收获后,各处理全盐量为 1.96～4.55 g/kg,脱盐率为 6.19%～45.10%,各处理与 CK 处理差异显著,说明植物及暗管处理可显著降低土壤表层全盐量。收获后,植物全盐量表现为:甜高粱>苏丹草>苜蓿。2020—2021 年,各处理土壤表层全盐量均有显著下降,CK、T、P1、P2、P3、TP1、TP2、TP3 处理脱盐率分别为 10.4%、23.4%、43.5%、29.3%、36.2%、61.4%、40.0%、56.7%,苜蓿处理土壤表层全盐量降幅最大,苏丹草、甜高粱次之,暗管-植物处理脱盐率较单独植物处理高 10.6%～20.5%,较单独暗管处理高 16.5%～38.0%。

表 6-3　2021 年各处理土壤脱盐率

日期	土层	各处理土壤脱盐率/%							
		CK	T	P1	P2	P3	TP1	TP2	TP3
春灌前后	[0,20)cm	13.61	18.35	16.04	17.26	17.55	19.89	25.12	18.47
	[20,40)cm	8.53	9.40	10.99	9.91	10.53	14.89	12.14	13.73
	[40,60]cm	5.65	5.80	8.37	6.38	7.36	10.53	8.77	19.37
一水前后	[0,20)cm	1.91	4.32	8.60	7.59	9.80	15.73	11.69	14.29
	[20,40)cm	2.25	9.12	7.17	5.15	6.23	13.90	12.00	12.50
	[40,60]cm	6.91	8.53	7.61	4.55	5.14	10.00	11.06	7.26
二水前后	[0,20)cm	3.41	9.04	6.62	8.50	10.56	29.05	14.63	24.39
	[20,40)cm	5.59	7.66	7.73	8.33	7.01	4.69	12.40	9.52
	[40,60]cm	6.44	3.63	6.04	5.24	5.42	11.11	9.73	11.45
春灌前至收获后	[0,20)cm	6.19	8.47	23.26	19.51	25.17	45.10	29.72	37.50
	[20,40)cm	5.85	11.04	21.63	16.72	21.05	35.88	27.16	29.08
	[40,60]cm	4.78	7.50	19.53	12.34	13.42	27.37	21.49	28.38

各处理耕作层全盐量变化情况如图 6-11 所示,与表层总体变化趋势相似。2020 年,春灌前到播种前各处理全盐量下降明显,降低了 0.38～0.58 g/kg,脱盐率为 10.95%～16.65%,低于土壤表层[见图 6-11(a)]。一水后,各处理全盐量降低至 2.35～2.88 g/kg,暗管-植物处理脱盐率最高,TP1、TP2、TP3 处理分别为 16.10%、19.53%、18.74%。二水后,TP1 处理全盐量最低,降低为 1.91 g/kg,P1 处理和暗管-植物处理全盐量均显著低于 CK 处理。收获后,各处理全盐量为

2.04~3.15 g/kg,较春灌前降低了 0.32~1.43 g/kg,除 T 处理外,其他处理全盐量均显著低于 CK 处理。

2021 年耕作层全盐量变化如图 6-11(b)所示。春灌前较 2020 年收获后有所升高,苜蓿升幅较小。播种前,各处理全盐量为 2.23~3.11 g/kg,TP1 处理显著低于其他处理。一水和二水后各处理脱盐率分别为 2.25%~13.90%、4.69%~12.40%。收获后,各处理全盐量较二水后有小幅升高,3 种植物处理全盐量依次为甜高粱>苏丹草>苜蓿,苜蓿显著低于甜高粱和苏丹草。2020—2021 年 CK、T、P1、P2、P3、TP1、TP2、TP3 处理耕作层脱盐率分别为 7.8%、18.7%、36.3%、22.5%、26.5%、51.6%、34.3%、37.5%。

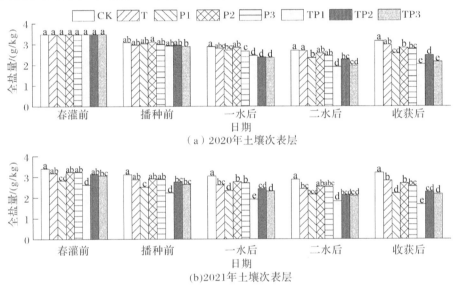

图 6-11 暗管-植物措施下土壤次表层全盐量变化

各处理心土层全盐量变化如图 6-12 所示。如图 6-12 可知,心土层含盐量整体低于[0,40)cm 土层,随时间变化,全盐量变化幅度也较小。2020 年播种前,各处理全盐量为 2.02~2.13 g/kg,一水后,全盐量降低了 3.3%~11.3%,无显著差异[见图 6-12(a)]。二水后较一水后降低了 1.5%~22.2%,TP1 处理降幅显著高于其他处理。收获后,暗管-植物处理全盐量显著低于单独暗管 T 处理和 CK 处理,TP1、TP2、TP3 处理心土层全盐量分别较 CK 处理低 29.1%、13.6%和 18.3%。2021 年春灌前,TP1 处理心土层全盐量显著低于其他处理,这个现象说明暗管下种植苜蓿可以防止春季土壤返盐[见图 6-12(b)]。播种前,各处理的全盐量较春灌前降低了 5.7%~19.4%,一水、二水后全盐量分别降低了 4.6%~11.1%、

3.6%～11.5%。收获后,各处理的全盐量为 1.38～2.19 g/kg,2021 年全年脱盐率为 4.78%～28.38%,TP1 和 TP3 处理全盐含量差异不显著,TP1 处理显著低于其他处理。T、P1、P2、P3、TP1、TP2、TP3 处理全盐量较 CK 处理降低了 5.4%、21.0%、5.9%、8.7%、37.0%、18.3%、27.4%。2020—2021 年 CK、T、P1、P2、P3、TP1、TP2、TP3 处理心土层脱盐率分别为 5.6%、10.7%、25.4%、11.2%、13.8%、40.5%、22.8%、31.5%,暗管-植物处理脱盐率明显高于其他处理,3 种植物中苜蓿的脱盐效果最佳。

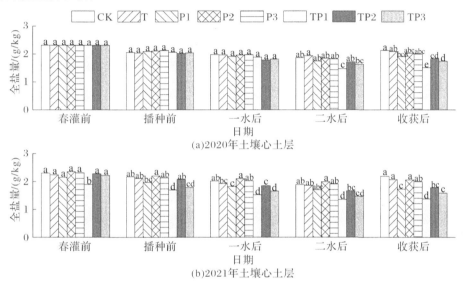

图 6-12　暗管-植物措施下土壤心土层全盐量变化

综上,暗管排水下种植耐盐植物能有效降低[0,60]cm 土层全盐量,种植两年后,暗管-植物双重措施下各土层含盐量显著低于单独暗管排水、单独植物及 CK 处理,苜蓿处理各土层脱盐率均最高,试验结束后土壤表层 TP1 与 TP3 处理差异不显著,[20,60]cm 土层全盐量均显著低于 TP2 及 TP3 处理,这与其根系穿插深度及分布范围有关。单独植物处理中,[0,60]cm 土层 P1 处理全盐量显著低于 P2 和 P3 处理。

6.2.3　暗管排水-耐盐牧草双重作用下土壤盐离子变化

暗管-植物双重作用各处理土壤盐离子动态变化如图 6-13 至 6-18 所示。因土壤离子迁移能力及植物对其吸收、运移能力不同,各处理离子含量在[0,60]cm 土层存在差异。2020—2021 年,各处理阳离子含量呈先降低后升高再下降趋势。2020

年整个生育期表层的 Na$^+$+K$^+$ 含量降低了 112.0～611.7 mg/kg,其中 TP3 处理降幅最大,为 52.5%。T、P1、P2、P3、TP1、TP2、TP3 处理降幅较 CK 处理分别提高 6.2%、24.4%、7.4%、12.5%、36.1%、22.8%、42.9%,可见,暗管-植物处理和单独苜蓿处理对表层 Na$^+$+K$^+$ 脱除效果较好。2021 年初,各处理 Na$^+$+K$^+$ 含量较 2020 年收获期升高了 25.9～239.7 mg/kg,暗管和无暗管区苜蓿增量均低于甜高粱和苏丹草,这是由于苜蓿表层覆盖削弱了蒸发,减少了盐分上行。各处理表层 Na$^+$+K$^+$ 含量降幅为 6.3%～51.1%。CK、T、P1、P2、P3、TP1、TP2、TP3 处理表层 Na$^+$+K$^+$ 含量较试验初期分别降低了 10.7%、21.3%、48.4%、25.2%、34.2%、65.9%、40.6%、66.7%,耕作层降幅为 8.1%～57.1%,心土层降幅为 6.5%～46.1%。暗管-耐盐植物处理 Na$^+$+K$^+$ 含量均显著低于 CK 处理,苜蓿及苏丹草处理显著低于甜高粱处理。[0,60]cm 土层 Na$^+$+K$^+$ 含量平均降幅大小依次为 TP1>TP3>P1>TP2>P3>P2>T>CK。

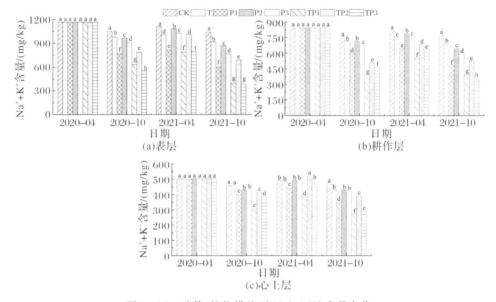

图 6-13 暗管-植物措施下 Na$^+$+K$^+$ 含量变化

各处理土壤 Ca^{2+} 含量随时间变化如图 6-14 所示。2020 年整个生育期表层 Ca^{2+} 含量降低了 19.15～114.4 mg/kg,暗管-植物处理降幅最高,TP1、TP2、TP3 处理分别较 CK 处理提高了 25.0%、13.4%、32.0%。2021 年播种前各处理 Ca^{2+} 含量提高了 6.2～41.5 mg/kg,甜高粱和苏丹草升幅较大。2021 年末各处理 Ca^{2+} 含量较年初降低了 4.7%～33.4%,TP1 处理降幅最高。试验两年后,CK、T、P1、

P2、P3、TP1、TP2、TP3 处理 Ca^{2+} 含量较试验初期分别降低了 2.9%、15.8%、23.6%、15.8%、23.4%、49.5%、32.7%、44.1%，暗管处理可明显降低表层 Ca^{2+} 含量。耕作层降幅为 3.2%~47.8%，心土层降幅为 3.6%~32.1%，各土层间降幅无明显规律。[0,60]cm 土层 Ca^{2+} 含量平均降幅大小依次为 TP1>TP3>TP2>P1>T>P3>P2>CK。

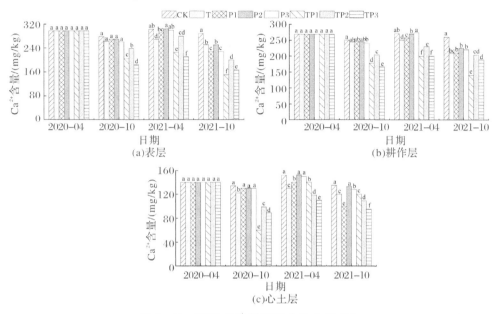

图 6-14　暗管-植物措施下 Ca^{2+} 含量变化

暗管-植物措施[0,60]cm 土层 Mg^{2+} 含量变化如图 6-15 所示，与前述离子变化趋势类似，表层变化幅度大于耕作层和心土层。2020 年末 Mg^{2+} 含量较年初降低了 15.0~123.4 mg/kg，TP3 处理降幅最大，为 45.4%。2021 年初，各处理 Mg^{2+} 含量较 2020 年收获后升高了 18.3~72.9 mg/kg，2021 年末各处理较年初降低了 4.4%~49.8%，TP1 处理降幅最大。两年后，试验末期 Mg^{2+} 含量较初期降低了 8.2~158.5 mg/kg，CK、T、P1、P2、P3、TP1、TP2、TP3 处理表层 Mg^{2+} 含量降幅分别为 3.0%、20.3%、26.7%、18.2%、23.7%、56.9%、32.9%、58.3%，耕作层 TP1 处理降幅最高。除了 T 处理，其他处理各土层 Mg^{2+} 含量降幅均依次为表层>耕作层>心土层，[0,60]cm 土层 Mg^{2+} 含量平均降幅依次为 TP1>TP3>TP2>P1>T>P3>P2>CK。

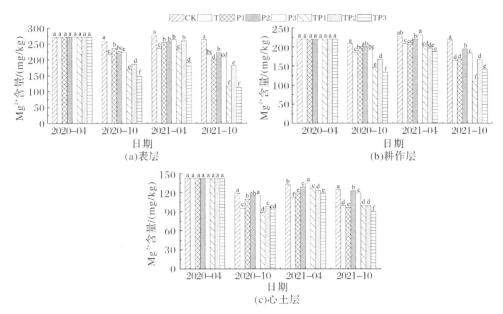

图 6-15 暗管-植物措施下 Mg^{2+} 含量变化

2020 年收获期土壤表层 HCO_3^- 含量较年初有明显下降(见图 6-16),各处理降低了 $22.49 \sim 107.4$ mg/kg,降幅为 $6.0\% \sim 28.9\%$。2021 年春,除了 T 处理,其

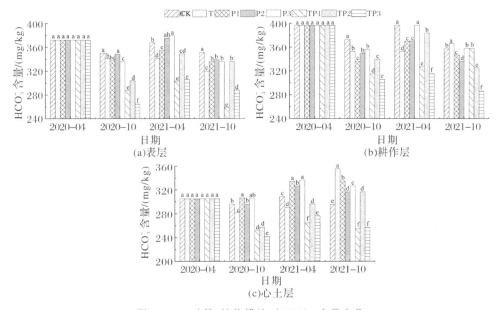

图 6-16 暗管-植物措施下 HCO_3^- 含量变化

他处理表层 HCO_3^- 含量均升高，TP2 处理增幅最大。2021 年末各处理表层 HCO_3^- 含量较年初降低了 3.7%～14.7%，较试验初期降低了 5.7%～30.5%，HCO_3^- 含量较其他离子降低幅度最小，P1、P2、P3 处理间无明显差异，TP1 处理降幅显著高于其他处理。试验两年后，T、P1、P2、P3、TP2 处理心土层 HCO_3^- 含量均高于试验前，TP1 和 TP3 处理显著低于其他处理。[0,60]cm 土层 HCO_3^- 含量平均降幅由大到小为 TP1＞TP3＞TP2＞P2＞CK＞P1＞P3＞T。

　　试验两年间[0,60]cm 土层 Cl^- 含量变化如图 6-17 所示。2020 年末，各处理土壤表层 Cl^- 含量降低了 74.8～384.8 mg/kg，T、P1、P2、P3、TP1、TP2、TP3 处理降幅分别较 CK 处理提高 7.4%、21.5%、10.0%、13.7%、27.4%、18.5%、35.0%，暗管-植物处理降幅显著高于其他处理。2021 年播种前各处理表层 Cl^- 含量较 2020 年末升高了 11～201.5 mg/kg，3 种植物的增幅大小依次为甜高粱＞苏丹草＞苜蓿。暗管-植物处理增幅高于单独暗管和植物处理。2021 年末，各处理表层 Cl^- 含量较年初明显降低，降幅为 5.5%～52.9%，TP1 处理 Cl^- 含量显著低于其他处理。试验两年后，各处理表层 Cl^- 含量较试验前降低了 9.0%～63.1%，暗管-植物处理降幅显著高于单独植物和暗管处理。耕作层 Cl^- 含量随时间变化趋势与表层一致，两年间降低 6.5%～67.4%，TP3 处理耕作层 Cl^- 含量降幅高于

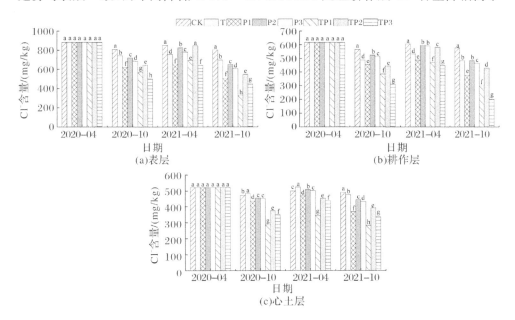

图 6-17　暗管-植物措施下 Cl^- 含量变化

表层。土壤心土层 Cl⁻ 含量降幅为 5.8%～45.7%，均低于[0,40)cm 土层，且 TP1 处理降幅最大，这是由于苜蓿的根不断生长，根系穿透作用加快了土壤深层盐分离子淋洗。[0,60]cm 土层 Cl⁻ 含量平均降幅大小依次为 TP1＞TP3＞P1＞TP2＞P3＞P2＞T＞CK。

SO_4^{2-} 是试验区土壤盐分含量中最多的离子，暗管-植物措施各处理 SO_4^{2-} 含量变化如图 6-18 所示。各处理土壤 SO_4^{2-} 含量两年间降幅依次为表层＞耕作层＞心土层。2020 年末各处理土壤表层 SO_4^{2-} 含量较年初有明显下降，降幅为 12.3%～49.3%，暗管-植物处理降幅显著高于其他处理。2021 年初，各处理表层 SO_4^{2-} 含量较 2020 年末增加了 58.9～325.3 mg/kg。2021 年末 SO_4^{2-} 含量为 710.5～1801.6 mg/kg，其中 TP1 和 TP3 处理 SO_4^{2-} 含量显著低于其他处理，各处理年末较年初降低了 7.2%～46.5%。两年试验前后，各处理表层 SO_4^{2-} 含量降幅有较大差异，CK 处理最小为 13.8%，TP1 处理最大为 66.0%，3 种植物降幅为苜蓿＞苏丹草＞甜高粱。耕作层 SO_4^{2-} 含量变化趋势与表层相似，2020 年和 2021 年降幅分别为 12.1%～44.0%、6.6%～41.8%，两年试验总降幅范围为 9.9%～54.9%，TP1 处理降幅最大。心土层 SO_4^{2-} 含量降幅低于表层和耕作层，两年总降幅为 7.2%～51.5%，TP1 处理 SO_4^{2-} 含量显著低于其他处理。[0,60]cm 土层 SO_4^{2-} 平均降幅依次为 TP1＞TP3＞P1＞TP2＞P3＞P2＞T＞CK。3 种植物中，苜蓿对阴

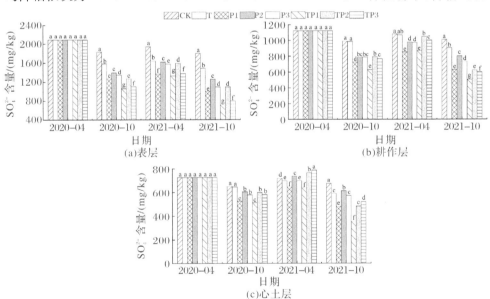

图 6-18　暗管-植物措施下 SO_4^{2-} 含量变化

离子的影响较大,TP1 处理下 3 种阴离子平均降幅均最高。TP3 处理阴离子降低幅度由大到小为 $Cl^->SO_4^{2-}>HCO_3^-$,其他处理阴离子降低幅度由大到小为 $SO_4^{2-}>Cl^->HCO_3^-$。

综上,基于暗管排水-耐盐植物双重作用,各处理收获后表层盐离子含量以 SO_4^{2-}、Na^++K^+、Cl^- 为主,且是各处理降幅最大的 3 种离子。各处理表层全盐量下降显著,单独植物处理两年脱盐率为 29.3%～43.5%,暗管-植物处理脱盐率为 40.0%～61.4%。暗管-植物双重作用下各土层含盐量显著低于单独暗管排水、单独植物及 CK 处理,苜蓿处理各土层脱盐率均最高,苏丹草次之。暗管-苜蓿处理 [0,60]cm 土层 6 种离子平均降幅均最大,暗管-苏丹草处理次之。暗管排水下苜蓿、甜高粱和苏丹草的平均脱盐率为 41.9%～57.5%、33.4%～55.4% 和 31.1%～53.5%,单一暗管处理仅为 22.4%、18.0% 和 17.0%,说明暗管-植物措施协同加强了暗管排水措施下盐离子的运移。

6.3　暗管排水-耐盐牧草双重作用对牧草生长的影响

6.3.1　暗管排水-耐盐牧草双重作用对作物生长指标的影响

1.作物出苗率的响应

种子从被播种到萌发是一种植物能否在盐渍化环境下定植的关键阶段,植物能否在盐渍化土壤正常生根发芽也表明了其对盐渍化土壤适应能力的强弱,因此,研究不同耐盐植物在不同措施下萌发、早期幼苗生长情况,具有重要意义。

表 6-4 为苜蓿、甜高粱、苏丹草 3 种耐盐植物两年间在暗管排水措施下及单独种植时的出苗(返青)率。2020 年,各处理出苗率为 68.90%～81.09%,TP1 和 TP3 处理出苗率较高,二者差异不显著($P<0.05$),但均显著高于 P2 和 TP2 处理,结果表明,在有暗管或无暗管排水条件下,苜蓿和苏丹草出苗率总是显著高于甜高粱($P<0.05$),说明甜高粱对盐渍土适应性弱于苜蓿和苏丹草。暗管排水措施下的苜蓿、甜高粱、苏丹草处理出苗率分别较单独种植高 5.51%、3.50%、1.92%,暗管排水措施使盐渍土盐分降低,苜蓿出苗率增长最多,为 7.3%,说明苜蓿对盐分降低后的敏感性较强。

表 6-4 不同耐盐植物出苗率

年份	各处理出苗(返青)率/%					
	P1	P2	P3	TP1	TP2	TP3
2020	75.58 ab	68.90 c	78.32 ab	81.09 a	72.40 bc	80.24 a
2021	88.46 ab	76.80 d	85.63 b	90.53 a	80.12 c	90.12 a
增幅	17.04	11.47	9.33	11.64	10.66	12.31

2021 年,单独种植 3 种耐盐植物出苗(返青)率为 76.80%~88.46%,由大到小为苜蓿＞苏丹草＞甜高粱,苜蓿和苏丹草差异不显著,但二者显著高于甜高粱。暗管排水措施下种植的 3 种植物出苗(返青)率均高于单独种植处理,TP1、TP2、TP3 处理的出苗(返青)率分别较 P1、P2、P3 处理增加了 2.07%、3.32%、4.49%。2021 年各处理的出苗(返青)率均高于 2020 年出苗率,增幅为 9.33%~17.04%,其中,单独种植苜蓿的出苗(返青)率增幅最大,单独种植苏丹草的增幅最小。2021 年出苗率均高于 2020 年是由于耐盐植物播种期各处理土壤含盐量差异大所致,经过 2020 年的春灌,在 2021 年,暗管措施处理下的盐分被充分淋洗,各处理土壤含盐量较其他处理降低,土壤盐分的增加可抑制耐盐植物种子的出苗萌发。综合对比两年出苗率,各处理平均出苗率由大到小排序为 TP1＞TP3＞P1＞P3＞TP2＞P2,苜蓿种子萌发出苗期较其他 2 种植物耐盐性更强。

有研究表明,土壤全盐含量对耐盐植物出苗(返青)率有较大影响,二者呈线性负相关关系。依据试验数据,各处理播种前土壤全盐含量与耐盐植物出苗(返青)率符合负相关关系,如表 6-5 所示。随着土壤全盐量的增加,植物出苗率均逐渐减小;随着土壤全盐量的降低,不同耐盐植物出苗(返青)率均升高。

表 6-5 土壤全盐量与不同耐盐植物出苗率的关系

耐盐植物	土壤全盐量与耐盐植物出苗率关系式	R^2
苜蓿	$y = -10.18x + 120.13$	0.947
甜高粱	$y = -12.238x + 120.57$	0.963
苏丹草	$y = -8.5653x + 115.2$	0.978

注:x 为土壤全盐量(g/kg),y 为出苗率。

2.作物株高的响应

株高是描述植物发育状态的生理形态指标之一。图 6-19 为各植物在暗管排水条件下和单独种植时两年间植株株高的变化图。各处理在 2020 年 6 月 25 日苗期株高差异不大,范围为 13.8～17.32 cm,TP2 和 TP3 处理的株高比较突出。7 月 25 日,各处理株高较 1 个月前有明显增长,P2 和 P3 处理株高增幅一致,TP2 和TP3 处理差异同样不明显,但暗管下的甜高粱和苏丹草处理株高增幅高于 2 种单独种植处理,TP1 处理株高增幅同样高于 P1 处理,说明暗管排水措施对植株初期生长有明显的正向促进作用。8 月 17 日,P1 和 TP1 处理株高较 1 个月前增加了 7.6 cm和 11.5 cm,涨幅低于生长初期,TP2 和 TP3 处理株高较 P2 和 P3 处理分别高 6 cm和 32.36 cm,达到 148 cm 和 178 cm,可见暗管排水措施在生长旺盛期对促进苏丹草株高增长效果较好。9 月 19 日收获期,各处理株高均达到整个生育期最高值,P1、P2、P3、TP1、TP2、TP3 处理株高分别为 47.2 cm、180.31 cm、211.5 cm、57.41 cm、188.34 cm、233.5 cm。暗管排水措施下种植的苜蓿、甜高粱、苏丹草株高分别比单独种植的 3 种植物高 21.6%、4.5%、10.4%,可见暗管措施对苜蓿株高的增长作用更加明显。

由图 6-19(b)可知,各处理 2021 年的株高生长趋势与 2020 年基本一致,均随时间而增加。2021 年 6 月 23 日植物苗期,各处理株高在 15.75 cm 至 17.45 cm范围内,与 2020 年差异不明显。7 月 28 日,经过 1 个月生长,各处理植株株高达到 48～136.5 cm,较 2020 年同时期高 10～28 cm,暗管措施下苜蓿、甜高粱和苏丹草的株高分别较 3 种植物单独种植处理高 9.4%、25.2%、6.6%。8 月 17 日,生长旺盛期过后,各处理株高达到 55.4～189 cm,较 2020 年同时期高 6.2%～51.0%,其中单独种植苜蓿处理株高增幅最大,暗管下种植苏丹草的处理增幅最小。暗管下种植苜蓿、甜高粱和苏丹草处理的株高较单独种植处理高 17.9%、8.5%、12.5%。9 月 18 日收获期,各处理植株高度达到最高,P1、P2、P3、TP1、TP2、TP3处理的株高分别为 60.4 cm、206 cm、228 cm、73.3 cm、217 cm、235 cm,均高于2020 年收获期,增幅分别为 28.0%、14.3%、7.8%、27.7%、15.2%、0.6%,其中暗管排水措施及无暗管下种植苜蓿处理增幅位居前 2 位,达 27.7%、27.9%。暗管下种植的苜蓿、甜高粱和苏丹草株高分别较单独种植处理高 21.4%、5.3%、3.1%,可见,暗管对苜蓿的生长促进作用更强。

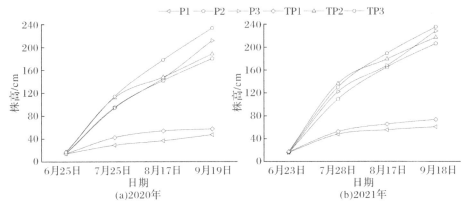

图 6-19 2020 年和 2021 年不同耐盐植物株高

因植物间本身物种不同,且植株大小不一,绝对生长速率无可比性,因此引入相对生长速率(R),如下

$$R = (\ln M_i/M_0)/(t_i - t_0)$$

式中,M_i 为 t_i 时的株高;M_0 为 t_0 时的株高;t_i 和 t_0 为天数。

图 6-20 是各植物株高生长速率随生育期的变化。2020 年和 2021 年,各处理 7—9 月相对生长速率呈下降趋势。2020 年整个 7 月[见图 6-20(a)],3 种植物相对生长速率表现不一,有暗管和无暗管下 3 种耐盐植物的相对生长速率排序均为苏丹草＞甜高粱＞苜蓿,甜高粱和苏丹草差异不明显。各暗管处理均高于单独种植处理,苜蓿、甜高粱和苏丹草分别高 44.9％、2.5％、3.2％。8 月各处理相对生长速率较 7 月低 79.6％～57.6％。3 种植物单独种植处理相对生长速率与 7 月规律一致,甜高粱和苏丹草显著高于苜蓿,暗管排水措施下种植的苏丹草处理显著高于甜高粱和苜蓿。9 月收获期,各植物处理相对生长速率均低于 8 月,暗管与无暗管下的植物处理规律不明显,3 种植物中苏丹草相对生长速率最高。

2021 年耐盐植物相对生长速率如图 6-20(b)所示。2021 年 7 月各处理的相对生长速率均高于 2020 年,P1、P2、P3、TP1、TP2、TP3 处理分别增加了 61.8％、16.3％、22.1％、15.7％、22.4％、16.5％。7 月,暗管下种植甜高粱的相对生长速率显著高于单独种植处理,提高 8.0％,暗管和无暗管措施下的苜蓿和苏丹草差异不显著。8 月,P2、TP1、TP2 处理相对生长速率高于 2020 年同期,分别增长了 13.5％、0.2％、6.9％,P1、P3、TP3 处理相对生长速率均低于 2020 年,分别降低了 31.8％、19.6％、7.6％。9 月,除了 TP1 处理,其他处理均低于 2020 年同期,说明暗管措施对苏丹草中后期的株高生长作用较小。

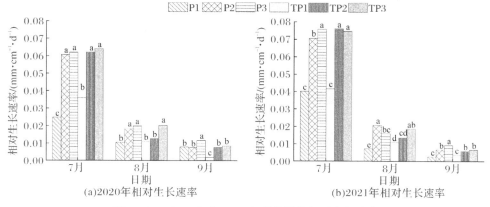

图 6-20　2020 年和 2021 年耐盐植物相对生长速率

3.作物叶面积指数的响应

叶片是植物进行呼吸作用、光合作用、蒸腾作用的重要器官,同时也是预测牧草产量多少的关键因素。不同耐盐植物 2020 年和 2021 年叶面积指数变化趋势如图 6-21 所示,两年间随时间变化基本呈上升趋势,但生育期末期叶面积指数增长速率较慢。2020 年 6 月下旬,各处理叶面积指数为 0.19～0.34,差异较小[见图 6-21(a)]。7 月下旬,各处理叶面积指数较 6 月末显著增大,有暗管和无暗管措施下的苏丹草处理叶面积指数分别为 6.77 和 6.55,增幅高于其他处理,苜蓿的叶面积指数较小。8 月中旬,各处理叶面积指数较 7 月增加了 0.13～1.92,其中苏丹草增量最大,甜高粱和苜蓿变动幅度不大。9 月收获期,各处理叶面积指数较 8 月增加了 0.21～0.83,P3 和 TP3 处理最高,是其他处理的 1.57～5.85 倍,即苏丹草叶面积指数高于苜蓿和甜高粱;暗管措施下的甜高粱处理叶面积指数与单独种植处理差异不大,暗管措施下的苜蓿和苏丹草处理分别较其单独植物处理高 11.6% 和 3.4%。

2021 年,各处理叶面积指数变化如图 6-21(b)所示,各处理叶面积指数整体略高于 2020 年。6 月下旬,各处理叶面积指数与 2020 年同期差异不大。7 月末,各处理叶面积指数较 2020 年同期增长了 0.15～1.19,增幅为 5.9%～30.8%,TP3 和 P1 处理增幅较大。7 月末,暗管措施下种植的苜蓿、甜高粱和苏丹草分别较单独种植处理的叶面积指数高 3.2%、9.5%、11.7%。8 月中旬,除了 TP3 处理的叶面积指数显著高于 2020 年 8 月,其他处理与 2020 年同期差异不明显。9 月收获期,除了 TP3 处理,其他处理叶面积指数均为当年最高值。与 2020 年收获期相比,P1、P3、TP1、TP2、TP3 处理叶面积指数分别增加了 12.5%、1.2%、5.6%、

1.2%、10.5%，而 P2 处理与 2020 年差异不大，降低了 0.7%。2021 年各处理叶面积指数基本高于 2020 年，单独种植苜蓿处理各时期平均增幅高于甜高粱和苏丹草，暗管措施下种植苜蓿和苏丹草处理各时期平均增幅高于甜高粱，说明暗管措施对提高苜蓿和苏丹草叶面积效果较好。

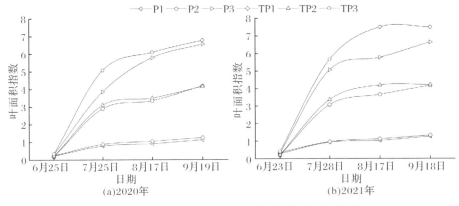

图 6-21　2020 年和 2021 年耐盐植物叶面积指数

4.作物生物量的响应

耐盐植物生物量不仅可以体现植物被饲用产量，而且是计算植物选择性吸收盐分量的基础指标之一。耐盐植物 2020 年和 2021 年地上、地下部分生物量测算如图 6-22、图 6-23 所示。由于苜蓿是多年生植物，因此地下部分生物量不进行测量，故两年中 P1 和 TP1 处理地下部分生物量空缺。

图 6-22 为各耐盐植物处理两年的生物量鲜重对比图。由图 6-22 可知，3 种耐盐植物产量差异较大且暗管排水措施对耐盐植物产量影响较大，同一年各处理的地上部分、地下部分、总鲜重基本呈显著性差异（$P<0.05$）。2020 年收获后，各处理地上部分生物量鲜重为 8690~20440 kg/hm²，植物鲜重差异显著。单独种植和暗管措施下种植的耐盐植物地上部分鲜重由大到小依次为苏丹草＞甜高粱＞苜蓿，暗管措施下种植的苜蓿、甜高粱、苏丹草地上部分鲜重较单独种植分别高 480 kg/hm²、929 kg/hm²、1558 kg/hm²，暗管排水措施使苜蓿、甜高粱、苏丹草 3 种耐盐植物地上部分鲜重较单独种植分别高出 5.5%、6.3%、8.3%。2020 年各处理地下部分鲜重为 2889~4001 kg/hm²，暗管措施和单独种植条件下苏丹草的地下部分鲜重均显著高于甜高粱。2020 年，各耐盐牧草处理总鲜重差异显著，暗管措施下种植的苜蓿、甜高粱、苏丹草总鲜重显著高于单独种植，其中苏丹草总鲜重最高。

2021 年,各处理地上部分鲜重较 2020 年明显增加,鲜重范围为 12200～25470 kg/hm²,P1、P2、P3、TP1、TP2、TP3 处理分别较 2020 年分别增长了40.4%、13.8%、10.1%、49.2%、34.3%、24.6%,暗管措施下的耐盐植物地上部分鲜重涨幅高于单独种植,3 种耐盐植物鲜重涨幅由大到小为苜蓿＞甜高粱＞苏丹草,这是由于苜蓿是多年生植物,生物量在一定年限内逐年递增。各处理植物地下部分鲜重呈显著性差异,由大到小依次为 TP3＞TP2＞P3＞P2。2021 年各耐盐植物的总鲜重差异均显著,其中 TP3 处理最高。

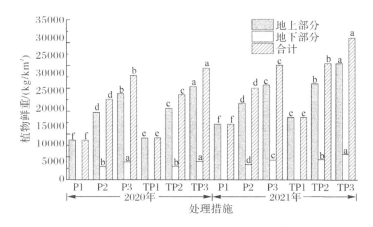

图 6-22　2020 年和 2021 年耐盐植物鲜重

2020 年和 2021 年暗管措施及单独种植下各耐盐植物生物量干重如图 6-23所示。2020 年各处理地上部分干重范围为 2686～9084 kg/hm²,各处理间差异显著,干重由大到小排序为 TP3＞P3＞TP2＞P2＞TP1＞P1,暗管措施下苜蓿、甜高粱、苏丹草分别较单独种植的干重高 1.7%、6.5%、12.4%。有暗管和无暗管处理地下部分干重均表现为苏丹草显著高于甜高粱。各处理总干重大小排序与地上部分干重一致。

2021 年,各耐盐植物处理地上部分干重为 3701～11296 kg/hm²,均明显高于2020 年,P1、P2、P3、TP1、TP2、TP3 处理较 2020 年分别增加了 37.8%、10.1%、16.1%、51.8%、28.5%、24.4%,苜蓿地上部分干重增长最多。各处理植物地下部分干重表现为 TP3＞TP2＞P3＞P2。各处理植物的总干重差异均显著,TP3 和TP2 处理总干重显著高于其他处理。

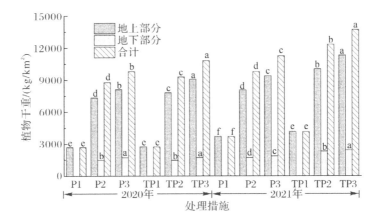

图 6-23 2020 年和 2021 年耐盐植物干重

综上分析可知,苏丹草地上部分鲜重和干重均显著高于甜高粱和苜蓿,苜蓿生物量最低,暗管措施对 3 种植物提高生物量效果显著。2021 年 3 种植物生物量均高于 2020 年,苜蓿较甜高粱、苏丹草增产效果更佳。两年间,苏丹草的地下部分生物量均显著高于甜高粱。

6.3.2 耐盐植物干重与生长指标相关性

1. 苜蓿干重与生长指标相关性

植物指标可反映生长状况,且与植物生物量息息相关。表 6-6 为苜蓿干重与株高、叶面积指数间的相关性。由表 6-6 可知,苜蓿生物量干重与株高呈显著正相关关系($P<0.05$),相关系数 $r=0.89$。生物量干重与叶面积指数呈正相关,相关系数 $r=0.79$。这说明在实际栽培中应采取措施增加苜蓿株高和叶面积指数,从而增加苜蓿干物质重量。苜蓿株高与叶面积指数呈显著正相关关系,相关系数 $r=0.95$。以株高为自变量(x),可以建立与叶面积指数(y)的模拟线性方程:$y=0.0186x+0.063$($R^2=0.913$),说明苜蓿的叶面积指数随株高增长而增高。

表 6-6 苜蓿干重与生长指标相关性

指标	株高	叶面积指数	生物量干重
株高	1		
叶面积指数	0.95*	1	
生物量干重	0.89*	0.79	1

注:* 表示在 0.05 水平上显著相关。

2.甜高粱干重与生长指标相关性

甜高粱生物量干重与株高和叶面积指数间相关性如表 6-7 所示。甜高粱干重与株高呈显著正相关关系($P<0.05$),相关系数 $r=0.89$。干重与叶面积指数呈正相关关系,相关系数 $r=0.65$。株高与叶面积指数呈正相关关系,相关系数 $r=0.35$。

表 6-7 甜高粱干重与生长指标相关性

指标	株高	叶面积指数	生物量干重
株高	1		
叶面积指数	0.35	1	
生物量干重	0.89*	0.65	1

注:*表示在 0.05 水平上显著相关。

3.苏丹草干重与生长指标相关性

苏丹草干重与株高、叶面积指数间的相关性如表 6-8 所示。苏丹草生物量干重与株高呈正相关关系,相关系数 $r=0.77$。苏丹草生物量干重与叶面积指数间呈显著正相关关系($P<0.05$),相关系数 $r=0.94$,即叶面积指数越大,苏丹草干重越重。株高与叶面积指数呈正相关关系,相关系数 $r=0.65$。

表 6-8 苏丹草干重与生长指标相关性

指标	株高	叶面积指数	生物量干重
株高	1		
叶面积指数	0.65	1	
生物量干重	0.77	0.94*	1

注:*表示在 0.05 水平上显著相关。

6.3.3 暗管排水-耐盐牧草双重作用对植物离子分布的影响

1.作物阳离子含量与分布的响应

耐盐植物在盐碱地的栽培可以有效脱盐,植物体内离子的含量及分布是测算植物盐分吸收量的基础。各耐盐植物不同部位盐分阳离子含量与分布如图 6-24 所示。

由图 6-24(a)可知,2020 年各植物处理 Na^+ 含量均高于 2021 年,Na^+ 含量随时间推移呈下降趋势。2020 年,苜蓿地上部分 Na^+ 含量高于地下部分,而甜高粱和苏丹草均为地下部分高于地上部分,3 种单独种植植物地上部分 Na^+ 含量差异显著($P<0.05$),由高到低排序为苜蓿＞苏丹草＞甜高粱,地下部分排序为苏丹草＞苜蓿＞甜高粱。2020 年暗管排水措施下 3 种牧草地上部分 Na^+ 含量均低于单独种植,TP1、TP2、TP3 处理分别较 P1、P2、P3 处理降低了 9.8%、27.2%、5.8%,除 TP1 地下部分略高于 P1 处理,TP2 和 TP3 处理地下部分 Na^+ 含量分别较 P2、P3 处理减少了 15.2% 和 15.4%。2020 年,除 TP1 处理地下部分,其他暗管-植物处理地上、地下部分 Na^+ 含量均低于单独植物处理。

2021 年,苜蓿地上部分 Na^+ 含量显著高于苏丹草和甜高粱,苏丹草地下部分 Na^+ 含量显著高于苜蓿和甜高粱。暗管排水措施 3 种植物地上、地下部分 Na^+ 含量均低于单独种植处理,TP1、TP2、TP3 处理地上部分分别较 P1、P2、P3 处理降低了 5.6%、30.5%、50.0%,地下部分分别降低了 4.1%、14.4%、12.4%。2021 年除了 P1 处理地下部分 Na^+ 含量高于 2020 年,其他处理地上、地下部分均低于 2020 年,P1、P2、P3、TP1、TP2、TP3 处理地上部分 Na^+ 含量分别较 2020 年降低了 15.2%、35.9%、21.7%、11.4%、38.8%、58.5%,可见暗管排水处理对苏丹草地上部分 Na^+ 含量改善效果较好。

各植物处理 K^+ 含量与分布如图 6-24(b)所示。2020 年单独种植耐盐植物的处理地上部分 K^+ 含量排序为甜高粱＞苜蓿＞苏丹草,且差异显著,地下部分排序为苜蓿＞甜高粱＞苏丹草。3 种植物 K^+ 含量均为地上部分高于地下部分。TP1、TP2、TP3 处理地上、地下部分 K^+ 含量均显著高于其单独种植植物,地上部分增长幅度高于地下部分,TP1、TP2、TP3 处理地上部分 K^+ 含量较 P1、P2、P3 处理分别增加了 29.8%、16.8%、39.2%,地下部分分别增加了 5.7%、7.1%、10.2%,地上部分增幅明显高于地下部分。

2021 年,各耐盐植物处理地上部分 K^+ 含量为 12.01～16.09 g/kg,地下部分为 5.0～9.87 g/kg,地上部分 K^+ 含量均高于地下部分,3 种单独种植植物处理地上、地下部分 K^+ 含量差异显著,暗管-植物处理和单独植物处理中甜高粱 K^+ 含量均最高。暗管-植物处理 K^+ 含量均高于单独种植植物处理,地上部分较单独植物处理高 1.36～2.66 g/kg,地下部分高 0.51～2.31 g/kg,可见暗管处理更有助于耐盐植物地上部分 K^+ 的积累。2021 年除了 P3 处理地下部分 K^+ 含量低于 2020 年,其他处理地上、地下部分均高于 2020 年。除了 TP3 处理,其他处理地上部分 K^+ 涨幅均高于地下部分。暗管-植物及单独植物处理中,苜蓿较 2020 年的涨幅较大。

各植物处理 Mg^{2+} 含量与分布如图 6-24(c)所示。2020 年,单独种植植物处理地上部分 Mg^{2+} 含量为 1.96～2.52 g/kg,3 种植物差异显著,地下部分 Mg^{2+} 含

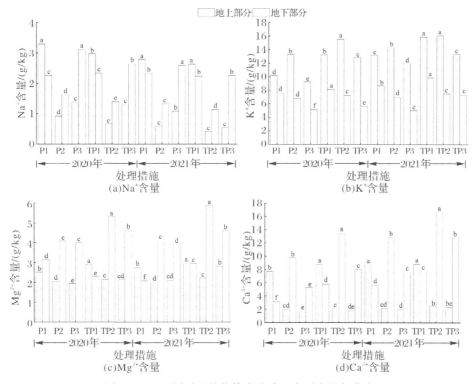

图 6-24　不同耐盐植物体内盐分阳离子含量与分布

量均高于地上部分,甜高粱地下部分含量最高,为 4.09 g/kg,与苏丹草 Mg^{2+} 含量无明显差异,但显著高于苜蓿处理。TP1 处理地上部分 Mg^{2+} 含量高于地下部分,TP2 和 TP3 处理地下部分均高于地上部分,TP2 处理地下部分 Mg^{2+} 含量显著高于 TP1 和 TP2 处理。除了 TP1 处理地下部分 Mg^{2+} 含量低于 P1 处理,其他暗管-植物处理地上、地下部分 Mg^{2+} 含量均高于单独植物处理。这说明暗管排水处理可以有效促进耐盐植物地上、地下部分对 Mg^{2+} 的吸收,尤其甜高粱根部积累效果更明显。

2021 年 P1 处理地上部分 Mg^{2+} 含量高于地下部分,P2 和 P3 处理地下部分均高于地上部分。单独植物处理地上部分 Mg^{2+} 含量由大到小排序为 P1>P3>P2,P1 处理与 P2、P3 处理差异显著,地下部分 P2 处理显著高于 P3 和 P1 处理。暗管-植物处理地上部分 Mg^{2+} 含量表现为 TP1>TP3>TP2,各处理呈显著性差异,地下部分 Mg^{2+} 含量表现为 TP2>TP3>TP1,TP2 显著高于 TP3 和 TP1。暗管-植物处理 Mg^{2+} 含量均高于其单独植物处理,甜高粱地下部分增幅较大。2021 年,除了 P2 处理,其他处理地上部分 Mg^{2+} 含量高于 2020 年,除 P1 和 P3 处理,其他处理

地下部分 Mg^{2+} 含量均高于 2020 年,TP1 和 TP2 处理增幅较大。

3 种耐盐植物地上、地下部分 Ca^{2+} 含量与分布如图 6-24(d)所示。2020 年,3 种植物地上部分 Ca^{2+} 含量排序为 P1＞P2＞P3,P1 处理显著高于其他处理,P2 处理地下部分 Ca^{2+} 含量显著高于其他两种处理。暗管-植物处理中的 TP1 地上部分 Ca^{2+} 含量显著高于 TP2 和 TP3 处理,规律与 P1 处理一致,苜蓿向地上部分运输 Ca^{2+} 能力较强,TP2 处理地下部分 Ca^{2+} 含量显著高于 TP1、TP3 处理,说明甜高粱根部可储存较多的 Ca^{2+}。暗管-植物处理地上、地下部分 Ca^{2+} 含量均高于单独种植处理,3 种植物地下部分 Ca^{2+} 增幅较大,TP1、TP2、TP3 处理地下部分较 P1、P2、P3 处理分别增加了 2.66 g/kg、3.68 g/kg、2.65 g/kg。2021 年与 2020 年趋势一致,暗管排水措施和单独种植处理苜蓿地上部分 Ca^{2+} 含量显著高于甜高粱和苏丹草,甜高粱地下部分 Ca^{2+} 含量显著高于苏丹草和苜蓿。暗管-植物处理地上、地下部分 Ca^{2+} 含量均高于单独种植处理,TP1、TP2、TP3 处理地上部分较 P1、P2、P3 处理高 0.05～0.31 g/kg,地下部分较 P1、P2、P3 处理高 2.13～5.16 g/kg。2021 年各处理地上、地下部分 Ca^{2+} 含量均高于 2020 年,其中地下部分增幅高于地上部分,地上部分较 2020 年增加了 0.04～1.02 g/kg,地下部分增加了 1.99～4.83 g/kg。

2. 作物阴离子含量与分布的响应

各耐盐植物处理两年间地上、地下部分阴离子含量如图 6-25 所示。对比两年间各植物处理的 SO_4^{2-} 含量可知,2021 年整体含量略低于 2020 年[见图 6-25(a)]。2020 年,3 种耐盐植物仅 P1 处理地上部分 SO_4^{2-} 含量高于地下部分,P2 和 P3 处理地下部分高于地上部分。3 种植物苜蓿地上部分 SO_4^{2-} 含量较甜高粱和苏丹草高 39.2%、37.2%,说明苜蓿对 SO_4^{2-} 向地上部分运输的能力较强,苏丹草地下部分 SO_4^{2-} 含量显著高于苜蓿和甜高粱。暗管-植物处理地上部分 SO_4^{2-} 含量均低于单独种植处理,降低了 2.3%～6.4%,地下部分均高于单独种植处理。

2021 年,3 种耐盐植物地上部分 SO_4^{2-} 含量排序为 P1＞P2＞P3,P1 处理比 P2、P3 处理分别高 30.9%、34.7%,TP1 处理同样显著高于 TP2 和 TP3 处理。暗管和无暗管条件下,各植物处理地下部分 SO_4^{2-} 含量均表现为苏丹草＞甜高粱＞苜蓿,3 种植物处理差异显著。暗管-植物处理地上、地下部分 SO_4^{2-} 含量均低于单独植物处理。综合 2020 年结果,说明暗管排水措施可以减少 SO_4^{2-} 向植物地上部分运输。除了 2021 年 P2 处理地上部分 SO_4^{2-} 含量略高于 2020 年,其他处理均低于 2020 年,且苜蓿处理地上、地下部分降低的幅度较大,说明随着年份增长,苜蓿地上、地下部分积累的 SO_4^{2-} 越来越少。苜蓿 SO_4^{2-} 含量降低效应最明显,P1 处理地上、地下部分分别减少

0.18 g/kg、1.07 g/kg,TP1 处理地上、地下部分分别减少 0.2 g/kg 和 1.42 g/kg。

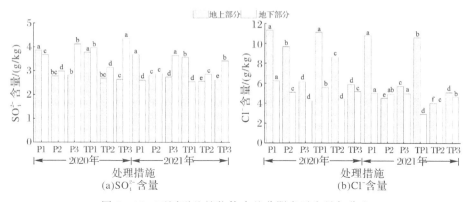

图 6-25 不同耐盐植物体内盐分阴离子含量与分布

各耐盐植物处理两年间 Cl^- 含量变化如图 6-25(b)所示。2020 年,3 种耐盐植物地上部分 Cl^- 含量均高于地下部分,地上和地下部分 Cl^- 含量由大到小排序为 P1>P2>P3,地上部分 Cl^- 含量为 6.15~11.32 g/kg,地下部分为 4.22~6.25 g/kg,均呈显著性差异。3 个暗管-植物处理地上部分 Cl^- 含量均低于单独植物处理,TP1、TP2、TP3 处理分别较 P1、P2、P3 处理低 1.9%、10.6%、4.6%。除 TP3 处理地下部分高于 P3 处理,TP1 和 TP2 处理地下部分较 P1 和 P2 处理分别降低了 0.67 g/kg 和 0.69 g/kg。可见,暗管排水措施可以减少耐盐植物各部位 Cl^- 的积累。

2021 年,单独种植耐盐植物处理地上部分 Cl^- 含量排序依次为 P1>P3>P2,各处理间差异显著,3 种植物地下部分含量差异不显著。TP1 处理地上部分 Cl^- 含量显著高于 TP2 和 TP3 处理,TP3 处理地下部分显著高于 TP1 和 TP2 处理。暗管-植物处理 Cl^- 含量均低于单独植物处理,地上部分较单独植物处理减少 0.2~0.63 g/kg,降幅分别为 1.85%、11.28%、11.03%,地下部分减少 0.35~2.1 g/kg。2020—2021 年,各耐盐植物地上、地下部分 Cl^- 含量基本呈下降趋势。2021 年各处理地上部分 Cl^- 含量较 2020 年减少了 4.5%~53.6%,地下部分减少了 2.9%~47.7%,且甜高粱地上部分 Cl^- 含量降低幅度较大,苜蓿地下部分降幅较大。

3. 作物 K^+/Na^+ 变化的响应

盐离子毒害是盐胁迫下威胁植物健康生长的主要毒害之一,离子胁迫下最典型的变化是 K^+/Na^+ 的降低。单独种植及暗管排水措施下 3 种耐盐植物地上、地下部分 K^+/Na^+ 的两年间变化如图 6-26 所示。由图 6-26(a)可知,2021 年地上

部分 K^+/Na^+ 整体高于 2020 年,但各植物处理 K^+/Na^+ 差异较大。2020 年,单独植物处理地上部分 K^+/Na^+ 从大到小依次排序为 P2>P3>P1,各处理差异显著。暗管-植物处理 TP1、TP2、TP3 均高于单独植物处理,TP1、TP2、TP3 处理的 K^+/Na^+ 分别较 P1、P2、P3 处理高 44.5%、38.7%、50.1%。结果表明,暗管排水措施对提高 3 种耐盐植物地上部分 K^+/Na^+ 作用明显,因为暗管排水措施降低了土壤盐分,从而使土壤中 Na^+ 含量减少,促进了耐盐植物地上部分对 K^+ 的吸收和积累。2021 年,TP1、TP2、TP3 处理的 K^+/Na^+ 分别较 P1、P2、P3 处理高 28.0%、78.9%、110.3%,暗管排水措施下甜高粱和苏丹草第二年的 K^+/Na^+ 涨幅明显。P1、P2、P3、TP1、TP2、TP3 处理地上部分 K^+/Na^+ 较 2020 年分别增加了 53.2%、32.5%、67.3%、35.7%、70.8%、134.4%,暗管排水措施及单独种植条件下苏丹草增幅均最高。

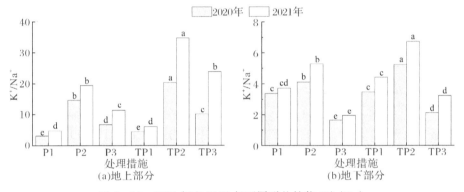

图 6-26　2020 年和 2021 年不同耐盐植物 K^+/Na^+

耐盐植物地下部分 K^+/Na^+ 变化如图 6-26(b)所示。由图 6-26(b)可知,除 P1 处理 2020 年地下部分 K^+/Na^+ 高于地上部分,其他处理两年间地下部分 K^+/Na^+ 均低于地上部分,可见,耐盐植物可以通过将 Na^+ 截留在根部,阻止 Na^+ 向地上部分运输,减轻其对茎叶的危害。2020 年,单独植物处理地下部分 K^+/Na^+ 排序为 P2>P1>P3,处理间差异显著,TP1、TP2、TP3 处理 K^+/Na^+ 较 P1、P2、P3 处理分别提高了 2.7%、27.3%、30.5%,TP1、TP2、TP3 处理差异显著。2021 年,TP1、TP2、TP3 处理 K^+/Na^+ 较 P1、P2、P3 处理分别提高了 18.8%、27.5%、66.5%,两年间暗管排水措施下苏丹草地下部分 K^+/Na^+ 增幅均最高。2021 年 P1、P2、P3、TP1、TP2、TP3 处理地下部分 K^+/Na^+ 较 2020 年分别提高了 10.1%、28.5%、18.3%、27.4%、28.7%、50.9%,暗管-植物处理增幅较高。

6.3.4　暗管排水-耐盐牧草双重作用对植物选择性运输系数的影响

植物对离子的选择性运输会直接影响离子在植株内相应部位的分布与积累,对植物盐分吸收量影响较大。T_{K^+,Na^+} 表示植物对 K^+ 和 Na^+ 的选择性运输系数,其值越大,表示植物对抑制 Na^+、促进 K^+ 运输能力越强;反之,亦然。T_{K^+,Na^+} 公式如下:

$$T_{K^+,Na^+} = \{[K^+]_{ds}/[Na^+]_{ds}\}/\{[K^+]_{dx}/[Na^+]_{dx}\} \qquad (6-1)$$

式中,T_{K^+,Na^+} 表示植物对 K^+ 和 Na^+ 的选择性运输系数;$[K^+]_{ds}$ 为植株地上部分 K^+ 含量;$[Na^+]_{ds}$ 为植株地上部分 Na^+ 含量;$[K^+]_{dx}$ 为植株地下部分 K^+ 含量;$[Na^+]_{dx}$ 为植株地下部分 Na^+ 含量。

各植物处理 2020 年和 2021 年的选择性运输系数变化如图 6-27 所示。2020年,3 种耐盐植物 T_{K^+,Na^+} 由大到小排序依次为 P3>P2>P1,3 个处理间差异显著($P<0.05$)。暗管-植物处理 T_{K^+,Na^+} 由大到小排序为 TP3>TP2>TP1,TP2 和 TP3 处理差异不显著。TP1、TP2 和 TP3 处理的 T_{K^+,Na^+} 分别较 P1、P2、P3 处理高 40.26%、26.89%、13.52%。2021 年,各处理选择性运输系数均高于 2020 年,P1、P2、P3、TP1、TP2 和 TP3 处理分别比 2020 年提高了 39.5%、31.9%、40.2%、6.5%、33.4%、64.7%。2021 年,TP1、TP2 和 TP3 处理的 T_{K^+,Na^+} 分别较 P1、P2、P3 处理高 7.1%、28.3%、33.4%,暗管排水和单独种植条件下 3 种植物的 T_{K^+,Na^+} 排序均为苏丹草>甜高粱>苜蓿。可见,苏丹草和甜高粱对 K^+ 运输能力较强,苜蓿对 Na^+ 具有较强选择性运输能力。同时,暗管排水措施下的 3 种耐盐植物选择性运输系数均高于单独植物处理。

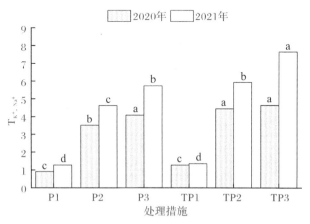

图 6-27　2020 年和 2021 年不同耐盐植物选择性运输系数

6.3.5 暗管排水-耐盐牧草双重作用对土壤-植物盐分转运的影响

表 6-9 为耐盐植物从土壤中吸收的盐分含量。由于苜蓿是多年生植物,因此其地下部分盐分吸收量在此不进行测算。从表 6-9 纵向比较可看出,各处理地上、地下部分不同离子吸收量差异明显。单独植物处理地上部分 Na^+ 积累量最高的是 P3 处理,显著高于 P1 和 P2 处理。暗管-植物处理中 Na^+ 积累量最高的是 TP1 处理,与 TP3 处理差异不显著,显著高于 TP2 处理。暗管排水措施和单独植物处理的地下部分 Na^+ 积累量均表现为苏丹草高于甜高粱。各处理地上部分 Na^+ 积累量均高于地下部分,暗管-植物处理地上部分 Na^+ 积累量均低于单独植物处理,TP1、TP2 和 TP3 处理的 Na^+ 积累量较 P1、P2、P3 处理分别减少了 0.5%、17.2%、12.6%。3 种植物地上部分 K^+ 积累量最高的是甜高粱,苏丹草次之,甜高粱显著高于苏丹草和苜蓿,甜高粱 K^+ 积累量分别是苜蓿和苏丹草的 2.85 倍、1.15倍。暗管排水措施下的 3 种植物 K^+ 积累量为甜高粱>苏丹草>苜蓿,暗管-植物处理 K^+ 积累量高于单独植物处理,TP1、TP2 和 TP3 处理分别较 P1、P2、P3 处理高33.8%、32.3%、44.1%。各处理地下部分 K^+ 积累量按大小排序为 TP2>TP3>P2>P3,同样条件下甜高粱高于苏丹草。

表 6-9 耐盐植物不同部位盐分吸收运移量

处理措施	部位	Na^+ /(g/m²)	K^+ /(g/m²)	Mg^{2+} /(g/m²)	Ca^{2+} /(g/m²)	SO_4^{2-} /(g/m²)	Cl^- /(g/m²)	总盐分 /(g/m²)
P1	地上部分	1.94 b	7.48 f	1.69 f	5.26 b	2.41 d	7.06 c	25.85 f
P2	地上部分	1.16c	21.29 c	3.13 d	3.18 d	4.31 c	10.91 ab	43.98 c
	地下部分	0.47 b	2.18 c	1.30 c	3.60 c	0.93 c	1.59 b	10.08 c
P3	地上部分	2.15 a	18.56 d	3.55 c	3.28 d	4.85 b	10.35 b	42.75 d
	地下部分	1.02 a	1.81 d	1.42 c	2.32d	1.39 ab	1.64 b	9.6 d
TP1	地上部分	1.93 b	10.01 e	2.02 e	6.04 a	2.53 d	7.46 c	30.0 e
TP2	地上部分	0.96 d	28.17 a	3.91 b	4.07 c	4.69 b	11.27 a	53.06 b
	地下部分	0.48 b	2.79 a	2.13 a	5.72 a	1.14 bc	1.60 b	13.85 a
TP3	地上部分	1.87 b	26.75 b	5.06 a	4.26 c	5.36 a	11.16 a	54.47 a
	地下部分	1.02 a	2.69 b	1.92 b	4.31 b	1.62 a	2.03 a	13.58 b

　　3 种植物中地上部分 Mg^{2+} 积累量最多的是苏丹草,显著高于苜蓿和甜高粱,分别是苜蓿和甜高粱的 2.1 倍、1.13 倍。暗管排水条件下苏丹草地上部分 Mg^{2+} 积累量依然最高,是苜蓿和甜高粱的 2.5 倍、1.29 倍。暗管-植物处理地上部分的 Mg^{2+} 积累量高于单独植物处理,TP1、TP2 和 TP3 处理分别较 P1、P2、P3 处理高 19.5%、24.9%、42.5%。地下部分 Mg^{2+} 积累量最高的是 TP2 处理,显著高于 TP3 处理,P2 和 P3 处理显著低于暗管-植物处理 TP2 和 TP3,二者差异不显著。3 种植物地上部分 Ca^{2+} 积累量按大小排序为 P1>P3>P2,P1 处理显著高于 P2、P3 处理,分别是 P2 和 P3 处理的 1.65 倍、1.6 倍,P2、P3 处理差异不显著。暗管-植物处理地上部分 Ca^{2+} 积累量按大小排序为 TP1>TP3>TP2,暗管-植物处理均高于单独植物处理,TP1、TP2 和 TP3 处理分别较 P1、P2、P3 处理高 14.83%、28.0%、29.9%。地下部分 Ca^{2+} 积累量按大小排序为 TP2>TP3>P2>P3,甜高粱地下部分 Ca^{2+} 积累量显著高于苏丹草。

　　各植物地上部分 SO_4^{2-} 积累量最大的为 P3 处理,显著高于 P1 和 P2 处理,P3 处理分别是 P1 和 P2 处理的 2.01 倍、1.13 倍。暗管-植物处理 SO_4^{2-} 积累量均高于单独植物处理,TP1、TP2 和 TP3 处理分别较 P1、P2、P3 处理高 4.9%、8.8%、10.5%。各植物地下部分 SO_4^{2-} 积累量按大小依次排序为 TP3>P3>TP2>P2,苏丹草 SO_4^{2-} 积累量显著高于甜高粱。各植物地上部分 Cl^- 积累量排序为 P2>P3>P1,P2 和 P3 处理差异不显著,二者显著高于 P1 处理。暗管-植物处理地上部分 Cl^- 积累量与单独植物一致,甜高粱 Cl^- 积累量最高,与苏丹草差异不显著,显著高于苜蓿。暗管-植物处理地上部分 Cl^- 积累量均高于单独植物处理,TP1、TP2 和 TP3 处理分别较 P1、P2、P3 处理高 5.7%、3.3%、7.8%。

　　各处理两年间地上部分盐分总吸收量差异较大。单独植物处理盐分总吸收量最大的是 P2 处理,与 P3 处理差异较小,分别比 P1、P3 处理高 18.13 g/m^2、1.23 g/m^2。暗管-植物处理盐分总吸收量最大的是 TP3 处理,高于 TP2 和 TP1 处理,较 TP1、TP2 处理分别高 24.47 g/m^2、1.41 g/m^2。暗管-植物处理地上部分盐分总吸收量均高于单独植物处理,TP1、TP2 和 TP3 处理分别较 P1、P2、P3 处理高 16.1%、20.6%、27.4%。各处理地下部分盐分总吸收量按大小排序为 TP2>TP3>P2>P3,暗管条件下盐分总吸收量高于单独种植,甜高粱盐分总吸收量高于苏丹草。

　　由表 6-9 横向比较可得出,不同处理地上部分各离子占总盐分积累量的比例也不尽相同。P1 处理对 K^+、Cl^-、Ca^{2+} 的积累量较高,积累比例分别为 28.9%、27.3%、20.4%。P2 处理对 K^+ 的积累比例最高,为 48.4%,Cl^- 积累比例次之,为 24.81%。P3 处理对 K^+、Cl^- 的积累比例较高,分别为 43.4%、24.2%。TP1 处理与 P1 处理离子的积累比例排序一致,K^+、Cl^-、Ca^{2+} 的积累比例较高,分别为

33.4%、24.8%、20.1%。TP2 处理 K^+ 积累比例最高，为 53.1%，Cl^- 次之，为 21.24%。TP3 处理同样是 K^+、Cl^- 积累量较高，分别是 49.1%、20.5%。可见，各处理对 K^+、Cl^- 的积累量高于其他离子。纵向对比各处理离子占总盐分积累量的比例可得，出甜高粱对 K^+ 的积累比例高于苜蓿和苏丹草，3 种耐盐植物中的苜蓿对盐胁迫离子 Na^+、Cl^- 的累积比例较高，苏丹草对 SO_4^{2-} 的积累比例高于其他 2 种植物。

表 6-10 为两年试验前后各处理土壤脱盐率、植物吸收运移脱盐率和淋溶脱盐率结果。对比两年前后 0~60 cm 土层土壤盐分含量，各处理在试验结束后均低于试验前，土壤脱盐率为 8.39%~63.20%。根据植物生物量（干重）及不同部位吸收盐离子量测算，单独种植条件下 3 种耐盐植物从土壤中吸收盐分含量按大小排序为 P2>P3>P1，苜蓿、甜高粱、苏丹草通过两年刈割可带出土壤盐分 25.85 g/m²、54.06 g/m²、52.34 g/m²。暗管-植物处理从土壤中吸收盐分含量排序为 TP3>TP2>TP1，且均高于单独植物处理，TP1、TP2、TP3 处理盐分吸收量分别较 P1、P2、P3 处理提高 16.1%、23.8%、30.0%。其中，P1、P2、P3、TP1、TP2、TP3 处理植物吸收运移脱盐率分别为 0.86%、1.81%、1.73%、1.00%、2.24%、2.26%，淋溶脱盐率分别为 44.63%、26.83%、34.33%、62.20%、41.48%、55.36%，植物吸收盐分含量占总脱盐量的 1.6%~6.3%，淋溶脱盐量占总脱盐量的 93.68%~98.42%，因此各处理脱盐率的差异与植物的淋溶作用关系密切。暗管措施不仅使植物吸收盐分含量增加，同时增加了植物的淋溶量。对比单独植物处理可知，苜蓿吸收运移脱盐率最低，但淋溶脱盐率最高，说明苜蓿脱盐效果较好，这主要是由苜蓿根系通过增加土壤孔隙从而增加水分入渗，然后盐分随水淋洗出耕作层所致。

表 6-10 　盐渍土与植物间盐分运移

处理措施	SO_4^{2-}、Na^+、K^+、Cl^-、Ca^{2+}、Mg^{2+} 含量/(g/m²)			土壤脱盐率/%	植物吸收运移脱盐率/%	淋溶脱盐率/%
	试验初 (0~60 cm 土壤)	试验后 (0~60 cm 土壤)	植物吸收			
CK	3035.19	2780.54	0.00	8.39	0.00	8.39
T	3006.20	2358.13	0.00	21.56	0.00	21.56
P1	2998.21	1634.26	25.85	45.49	0.86	44.63
P2	2988.33	2132.54	54.06	28.64	1.81	26.83
P3	3025.10	1934.34	52.34	36.06	1.73	34.33
TP1	2985.80	1098.6	30.00	63.20	1.00	62.20
TP2	2982.39	1678.41	66.92	43.72	2.24	41.48
TP3	3013.85	1277.20	68.05	57.62	2.26	55.36

6.4　暗管排水-耐盐牧草双重作用改良盐渍土效果的研究

本试验采用主成分分析法评价暗管排水-耐盐植物双重作用对盐渍土的改良效果。主成分分析法是利用降维的思想,在损失很少信息的前提下,把多个指标转化为少数几个综合指标的多元统计方法。转化生成的综合指标称为主成分,其中,每个主成分都是原始变量的线性组合,且各个主成分之间互不相关。

主成分分析法基本步骤如下:

1.将原始数据标准化,以消除量纲的影响

假设进行主成分分析的指标变量有 m 个,共有 n 个评价对象 $x_1,x_2,\cdots,x_n$,第 i 个评价对象的第 j 个指标的取值为 x_{ij},将各指标值 x_{ij} 转化为标准化指标,则有

$$\widetilde{x_{ij}} = \frac{x_{ij} - \overline{x_j}}{s_j},(i=1,2,\cdots,n;j=1,2,\cdots,m) \qquad (6-2)$$

$$s_j = \frac{1}{n-1}\sum_{i=1}^{n}(x_{ij}-\overline{x_j})^2,(j=1,2,\cdots,m) \qquad (6-3)$$

式中,$\overline{x_j}$ 为第 j 个指标的样本均值;s_j 为第 j 个指标的样本标准差;对应地,$\widetilde{x_i} = \frac{x_i - \overline{x_j}}{s_j},(i=1,2,\cdots,m)$ 为标准化指标变量。

2.建立变量之间的相关系数矩阵 R

$$R = (r_{ij})_{m\times m}$$

$$r_{ij} = \frac{\sum_{i=1}^{n}\widetilde{x_{ii}}\cdot\widetilde{x_{ij}}}{n-1},(i,j=1,2,\cdots,m) \qquad (6-4)$$

式中,$r_{ii}=1,r_{ij}=r_{ji}$,r_{ij} 是第 i 个指标与第 j 个指标的相关系数。

3.计算相关系数矩阵 R 的特征值与特征向量

计算相关系数矩阵 R 的特征值 $\lambda_1,\lambda_2,\cdots,\lambda_m$,$R$ 的特征向量 $u_1,u_2,\cdots,u_m$。其中,$u_j=(u_{1j},u_{2j},\cdots,u_{nj})^{\mathrm{T}}$,由特征向量组成 m 个新的指标变量。

$$\begin{cases} y_1 = u_{11}\widetilde{x_1} + u_{21}\widetilde{x_2} + \cdots + u_{n1}\widetilde{x_n} \\ y_2 = u_{12}\widetilde{x_1} + u_{22}\widetilde{x_2} + \cdots + u_{n2}\widetilde{x_n} \\ \vdots \\ y_m = u_{1m}\widetilde{x_1} + u_{2m}\widetilde{x_2} + \cdots + u_{mn}\widetilde{x_n} \end{cases} \qquad (6-5)$$

式中,y_1 是第 1 主成分,y_2 是第 2 主成分,$\cdots$,y_m 是第 m 主成分。

4. 写出主成分并计算综合得分

计算特征值 $\lambda_j(j=1,2,\cdots,m)$ 的信息贡献率和累积贡献率。

主成分 y_1 的信息贡献率为

$$b_j = \frac{\lambda_j}{\sum\limits_{i=1}^{n}\lambda_i}, (j=1,2,\cdots,m) \tag{6-6}$$

主成分 $y_1,y_2,\cdots,y_p$ 的累积贡献率为

$$\alpha_p = \frac{\sum\limits_{i=1}^{p}\lambda_i}{\sum\limits_{i=1}^{n}\lambda_i} \tag{6-7}$$

其中,当 α_p 接近于 $1(\alpha_p=0.85,0.90,0.95)$ 时,则选择前 p 个指标变量 $y_1,y_2,\cdots,$ y_p 作为 p 个主成分,代替原来 m 个指标变量,从而对 p 个主成分进行综合分析。

计算综合得分:

$$y = \sum_{j=1}^{p}b_jy_j \tag{6-8}$$

式中,b_j 为第 j 个成分的信息贡献率。

针对本试验,首先对 2020 年各处理土壤容重降、土壤孔隙度、养分、脱盐率等指标进行相关性分析,如表 6-11 所示,可见,各土壤指标间存在不同程度的相关性,最大相关系数 r 值为 0.975。由表 6-11 可知,土壤容重降低率与土壤孔隙度、有机质含量、全盐量脱盐率呈极显著正相关性,与其他指标无显著相关性;土壤孔隙度与有机质含量、全盐量脱盐率呈极显著正相关,与速效钾含量呈显著正相关;有机质含量与全盐量脱盐率呈极显著正相关;速效钾含量与全盐量脱盐率呈显著正相关性。另外,其他各处理间呈现不同程度相关性。

表 6-11 各指标相关系数矩阵

指标	x_1	x_2	x_3	x_4	x_5	x_6	x_7
x_1	1.000						
x_2	0.958**	1.000					
x_3	0.768**	0.833**	1.000				
x_4	−0.450	−0.452	−0.380	1.000			
x_5	0.443	0.532*	0.018	−0.088	1.000		
x_6	−0.139	−0.089	−0.029	0.421	−0.138	1.000	
x_7	0.947**	0.975**	0.834**	−0.375	0.501*	−0.029	1.000

注:* 代表显著相关,$P<0.05$;** 代表极显著相关,$P<0.01$。x_1 为容重降低率,x_2 为土壤孔隙度,x_3 为有机质含量,x_4 为碱解氮含量,x_5 为速效钾含量,x_6 为速效磷含量,x_7 为全盐量脱盐率。

对数据进行 KMO 和巴特利特球形度检验,结果如表 6 - 12 所示。KMO 值为 0.614(>0.5),同时巴特利特球形度检验的显著度为 0.007(<0.05),表明本试验数据符合主成分分析对数据变量的要求。

表 6 - 12　KMO 和巴特利特球形度检验

KMO 和巴特利特球形度检验		
KMO 取样适切性量数		0.614
巴特利特球形度检验	近似卡方	40.100
	自由度	21
	显著性	0.007

由表 6 - 13 可知,对各处理 7 个指标进行主成分分析,根据特征值大于 1 的原则,提取 3 个主成分。这 3 个主成分特征值分别为 4.166、1.255 和 1.035,其累积方差贡献率达 92.228%,说明这 3 个公因子可代表各处理 7 个指标 92.228% 的信息,可以将 7 个指标转换成 3 个独立的综合指标。其中,第 1 主成分贡献率为 59.521%,第 2 主成分贡献率为 17.928%,第 3 主成分贡献率为 14.779%。

表 6 - 13　主成分分析特征值与方差贡献率

成分	初始特征值			提取载荷平方和		
	总计	方差百分比/%	累积/%	总计	方差百分比/%	累积/%
1	4.166	59.521	59.521	4.166	59.521	59.521
2	1.255	17.928	77.449	1.255	17.928	77.449
3	1.035	14.779	92.228	1.035	14.779	92.228
4	0.467	6.664	98.892			
5	0.043	0.611	99.503			
6	0.024	0.336	99.839			
7	0.011	0.161	100.000			

由表 6 - 14 可看出,土壤容重降低率、土壤孔隙度、有机质含量、全盐量脱盐率对第 1 主成分(y_1)的贡献率较大,碱解氮含量和速效磷含量对第 2 主成分(y_2)的贡献率较大,速效钾含量在第 3 主成分(y_3)中有较高荷载。

表 6-14 主成分因子荷载矩阵

指标	成分		
	1	2	3
x_1	0.983	0.025	0.044
x_2	0.984	0.128	0.024
x_3	0.824	0.163	-0.478
x_4	-0.567	0.615	0.253
x_5	0.515	0.050	0.848
x_6	-0.185	0.887	-0.142
x_7	0.965	0.209	0.008

基于上述结果,对主成分因子荷载数据进行标准化处理,可计算得到主成分系数矩阵,如表 6-15 所示。

表 6-15 主成分系数矩阵

指标	成分		
	1	2	3
x_1	0.481730	0.022017	0.043432
x_2	0.482141	0.114605	0.023889
x_3	0.403836	0.145823	-0.470090
x_4	-0.27774	0.548671	0.249091
x_5	0.252389	0.044520	0.833696
x_6	-0.09061	0.792017	-0.1393
x_7	0.472593	0.186559	0.007497

由此,进一步可得主成分方程,具体如下:

$$y_1 = 0.482x_1 + 0.482x_2 + 0.404x_3 - 0.278x_4 + 0.252x_5 - 0.091x_6 + 0.473x_7$$

$$(6-9)$$

$$y_2 = 0.022x_1 + 0.115x_2 + 0.146x_3 + 0.549x_4 + 0.045x_5 + 0.792x_6 + 0.187x_7$$

$$(6-10)$$

$$y_3 = 0.043x_1 + 0.024x_2 - 0.470x_3 + 0.249x_4 + 0.834x_5 - 0.139x_6 + 0.007x_7$$

$$(6-11)$$

每个处理的综合得分方程为

$$y = 0.645y_1 + 0.194y_2 + 0.161y_3 \qquad (6-12)$$

2020 年各处理综合得分如表 6-16 所示,得分顺序为 TP1>TP3>TP2>P1>P3>P2>T>CK。同理,得到 2021 年各处理的综合得分为 TP1>TP3>P1>TP2>P3>P2>T>CK。可见,两年中 CK 处理综合得分均最低,TP1 处理综合得分最高,即暗管排水措施下种植苜蓿对改善盐渍土壤结构、增加土壤养分、降低土壤盐分综合效果较优。

综上,基于主成分分析法的多指标(土壤结构改善效果、养分、脱盐率等)综合评价结果显示,暗管排水下种植苜蓿综合得分排名最高,对改善盐渍土壤结构、增加土壤养分、降低土壤盐分综合效果较好。

表 6-16　各处理综合得分及排名

处理措施	y_1	y_2	y_3	y	综合排名
CK	−3.66	1.24	−0.69	−2.23	8
T	−1.47	−1.75	1.19	−1.1	7
P1	0.26	0.96	−0.39	0.29	4
P2	−0.44	−1.34	−1.13	−0.73	6
P3	−0.7	0.35	0.94	−0.23	5
TP1	2.33	1.08	0.93	1.86	1
TP2	1.27	−0.15	0.53	0.88	3
TP3	2.41	−0.39	−1.38	1.26	2

第7章

田间排水模拟研究

7.1 模型简介及其原理

7.1.1 模型简介

DRAINMOD 模型最初被用来解决湿润地区自然条件下地下水埋深较高的农田田间排水管理系统设计和评价等问题,随着模型的不断优化和发展,该模型在干旱与半干旱地区以及寒旱地区也得到了应用。土壤垂直方向上的水量均衡是 DRAINMOD 进行模拟的基础,DRAINMOD 通过借助气象、土壤和作物等相关数据资料,来模拟农田排水及地下水位动态变化的过程。经过近几十年的改进和优化,该软件从最早的 4.0 版本到现在的 6.1 版本,且已经在国内外众多地区得到了利用和验证,被公认为拥有简洁、快速和模拟精确的优点。

由于获取田间试验数据需要较长时间,且会消耗大量的人力和物力资源,导致田间试验研究在空间及时间上都会受到较多的限制,从而很难获得更完善的科学的规律。所以,采用野外试验监测与理论模型相结合的方法来研究田间水文循环过程是行之有效的方法。本研究将利用在国内外得到检验的田间水文模型 DRAINMOD 来进行模拟。

7.1.2 模型原理

Skaggs 博士及其团队在研究开发 DRAINMOD 模型时,始终遵循了两条原则:尽可能精确地模拟出土壤垂直方向上水分的各种运移随时间变化的状况,在模拟长序列水分运移时不被软件计算时间所限制。水量平衡方程是 DRANIMOD 模型所依据的基本原理,如图 7-1 所示。在一定的时间段 Δt 内,地表水的水量平衡方程可表达为

$$P + I = F + R + \Delta S \qquad (7-1)$$

式中：P 代表降雨量，cm；I 代表地表灌溉水量，cm；F 代表入渗量，cm；R 代表 Δt 内的地表径流量，cm；ΔS 代表地表储水变化量，cm。

在给定的时间段 Δt 内，土壤垂直方向上（从地表到不透水层）的水量平衡方程可表示为

$$\Delta V_a = D + D_S + E_T - F \qquad (7-2)$$

式中：ΔV_a 为土壤中的水分变化量，mm；D 为垂直方向上的排水量，mm；D_S 为深层渗漏量，cm；E_T 为作物腾发量，cm；F 为时间段 Δt 内的入渗量，cm。

公式（7-1）和（7-2）所采用的时间段 Δt 的取值，随实际输入精确度的不同而改变，当发生降雨时，时间间隔不会超过 3 min；当不发生降雨且排水速度较快时，时间间隔基本为 120 min；通常情况下，Δt 的取值为 1 d。

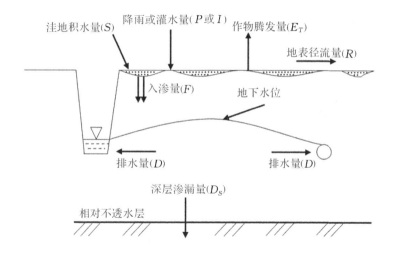

图 7-1　DRANIMOD 模型地表与土壤中水量平衡关系图

DRAINMOD 在对逐日水量平衡进行计算时，主要对气象资料（降雨、气温、潜在的蒸发蒸腾量）、土壤资料（土壤水分特征曲线和饱和导水率）、排水系统的设计参数（排水沟或管的埋深、间距及初始地下水埋深）、灌溉制度（灌溉时间以及灌溉用水量）和作物资料（根系的深度、播种日期和生长时间等）等因素进行考虑。

1. 降雨量 P

DRAINMOD 运算过程中最主要的水分输入部分就是降雨量 P。因为 DRAINMOD 中对降雨的处理是以每小时为基本的时间增量，所以当我们得到的降雨数据资料不符合要求时，就要对数据资料进行相关的处理。

2. 入渗量 F

土壤中水分入渗的过程是多年来进行广泛研究和探讨的问题。影响土壤水分入渗的土壤因素主要有土壤初始含水量、土壤表面的紧实程度、土壤剖面深度、渗透系数、地下水埋深,影响土壤水分入渗的作物因素有作物根系层深度及覆盖层厚度。此外,还有气温、单位时段内的降雨量、降雨时间的长短和分布、土壤是否冻融等气象因素也会影响土壤水分入渗的过程。

DRAINMOD 在对逐日的水量平衡进行计算时,入渗量 F 通常采用 Green-Ampt 公式计算。Green-Ampt 公式为

$$f = -k_s(h_f - L_f - H_0)/L_f \qquad (7-3)$$

式中:k_s 为土壤饱和导水率,cm/min;L_f 为概化的湿润锋深度,cm;h_f 为湿润锋处压力水头,cm;H_0 为地面积水深度,cm。

通常会用 S_{av} 来表示湿润锋处的平均基质吸力,即 $h_f = -S_{av}$,代入上式中可得

$$f = k_s(S_{av} + L_f + H_0)/L_f \qquad (7-4)$$

累计入渗量 F 为

$$F = (\theta_s - \theta_i)L_f = ML_f \qquad (7-5)$$

式中:θ_s 和 θ_i 分别为饱和含水率和初始含水率,%;M 为可填充孔隙率,%。H_0 比 $(S_{av}+L_f)$ 的值小得多,因此可忽略不计,将 $F=ML_f$ 代入公式(7-4)可得

$$f = k_s + (k_s M S_{av}/F) \qquad (7-6)$$

一般,对于给定初始含水量的土壤有

$$f = B + (A/F) \qquad (7-7)$$

由公式(7-6)和(7-7)可以看出:$B=k_s$,cm/min;$A=k_s M S_{av}$,cm²/min。对于典型土壤的 S_{av} 值,可通过查阅经验图表得到。

3. 地表径流量 R

地表径流量 R 的大小,一般与地表的坑洼程度有关,地表排水是在雨水填满地表坑洼深度以后才形成的。对于地表排水,只有当满足洼地储水的平均深度时,才会产生地表径流。在一定程度上,地面排水系统的好坏通常可以用洼地储水的平均深度来量化说明。研究表明,田间地表坑洼深度在 3 cm 以下为较小的坑洼,而坑洼较大的地方深度会超过 3 cm。

4. 排水量 D

土壤渗透系数、排水间距和排水沟(管)的埋深以及地下水埋深,决定了地下水向排水沟(管)的流动速度。模型假设在饱和区土壤中发生侧向水流为基础,在排

水沟(管)中点处的地下水位高度使用侧向饱和导水率来进行计算,借助排水沟(管)中点位置的地下水埋深高度和排水沟(管)内的水位或水头对流量进行估算。当田间水位在地表以下且高于排水沟(管)水位时,DRAINMOD 利用 Hooghoudt稳定流公式来计算排水量 D;当地下水位高于地表且田面有积水时,排水量 D 则由 Kirkham 公式计算。Hooghoudt 稳定流和 Kirkham 公式如下:

Hooghoudt 稳定流公式

$$q = 4k(2h_0 m + m^2)/cL^2 \tag{7-8}$$

式中:q 为单位排水量,cm/h;k 为侧向饱和导水率,cm/h;h_0 为排水沟(管)处水面到相对不透水层的等效距离,cm;m 为两排水沟(管)中部的悬挂水头,cm;c 为吸水管中点处平均流量除以流量的商;L 为排水沟(管)的间距,cm。

Kirkham 公式:

$$q = (t + b - r)4\pi k/gL \tag{7-9}$$

其中

$$g = 2\ln\left| \left[\tan\frac{\pi(2d-r)}{4h} \mid \tan\frac{\pi r}{4h} \right] + \right.$$
$$2\sum_{n=1}^{\infty}\ln\left\{ \left[\left(\cosh\frac{\pi mL}{2h} + \cos\frac{\pi r}{2h} \right) / \left(\cosh\frac{\pi mL}{2h} - \cos\frac{\pi r}{2h} \right) \right] \right.$$
$$\left. \left[\left(\cosh\frac{\pi mL}{2h} - \cos\frac{\pi(2d-r)}{2h} \right) / \left(\cosh\frac{\pi mL}{2h} + \cos\frac{\pi(2d-r)}{2h} \right) \right] \right\} \tag{7-10}$$

式中:k 为侧向饱和导水率,cm/h;L 为排水沟(管)的间距,cm;t 为地面积水深度,cm;b 为地表到排水管平面的深度,cm;d 和 r 分别为吸水管的直径和半径,cm;h 为地表到相对不透水层的距离,cm。

5. 深层渗漏量 D_S

深层渗漏量 D_S 由 Darcy 公式计算,将垂直、侧向和斜坡面三种状态分别进行计算,然后取三种状态之和,但在底层透水性不好时可以忽略不计。

6. 作物腾发量 E_T

输入每日的最高和最低气温是 DRAINMOD 要求的气温数据格式,利用气温数据模型可以计算出土壤温度和蒸发蒸腾量。气温数据通常可以从当地的气象站下载获取。在 DRAINMOD 中,计算蒸发蒸腾量(E_T)会分为两个步骤进行:第一步,先根据气象数据资料计算得出潜在蒸发蒸腾量(P_{ET}),并按顺序分配到每个小时;第二步,在进行计算时,DRAINMOD 会对蒸发蒸腾是否受到土壤供水条件的限制进行自动查验,如果未受影响,则实际的蒸发蒸腾量(E_T)与潜在蒸发蒸腾量(P_{ET})相等,否则,蒸发蒸腾量等于土壤的供水能力。对于潜在蒸发蒸腾量(P_{ET}),我们在模拟过程中会采用彭曼公式计算其值,再根据联合国相关文件推荐的常用办法,对每年不同生长阶段的向日葵作物系数 K_c 进行修正,并将最终生成的文件输入 DRAINMOD 当中。

彭曼公式如下:

$$E_{T0} = 0.408\Delta(R_n - G) + \gamma \frac{900}{T+273}\mu_2(e_a - e_d)/\Delta + \gamma(1 + 0.34\mu_2)$$

$$(7-11)$$

式中:E_{T0} 为彭曼法计算参考作物腾发量,mm/d;R_n 为作物表面的净辐射量,MJ/(m² · d);G 为土壤热通量,MJ/(m² · d);T 为平均日气温,℃;μ_2 为 2 m 处平均风速,m/s;e_a 为饱和水汽压,kPa;e_d 为实际水汽压,kPa;Δ 为饱和水汽压 e_a 和温度曲线的斜率,kPa/℃;γ 为干湿表常数,kPa/℃。

7.2 模型的主要输入参数

通过以上对 DRAINMOD 的介绍及其原理可知,该模型的主要输入参数包括气象参数、土壤参数、排水系统设计参数以及作物参数四大类。

1. 气象参数

DRAINMOD 需要输入的气象参数主要有模拟时间段内的降雨量、蒸发量、每天的最高和最低气温,蒸发蒸腾量可以通过在模型中输入相关的修正系数计算得到,也可以将自己计算好的值直接输入 DRAINMOD 中。本书输入的气象数据来自红卫试验区内的小型自动气象站。

2. 土壤参数

DRAINMOD 需要输入的土壤参数主要有:土壤水分特征曲线、饱和导水率以及土壤分层深度等。能够表示土壤水分在释放或吸附过程中的水量与水势相关关系的曲线就是土壤水分特征曲线,它反映了土壤水分定态能量特征,是研究土壤水动力学定理不可或缺的重要参数,也是进行土壤改良、探究土壤水分保持和运动、调节并利用土壤水等方面的最基本及最重要的工具。土壤质地不同时,土壤水分特征曲线各不相同,通常情况下,土壤黏粒含量所占比例越大,土壤含水量在相同条件的吸力下就越高。土壤侧向渗透率(侧向饱和导水率)指土体在单位水势梯度下,在与水流垂直的方向上,土体在饱和状态下的流速,用来描述土质、容重和孔隙分布特征。本书利用 RETC 软件、土壤颗粒分级和土壤容重数据模拟出土壤水分特征曲线、饱和导水率。

3. 排水系统设计参数

在 DRAINMOD 中,地下及地面排水参数是排水系统设计的主要输入参数。地下排水的主要参数包括:暗管埋设间距和埋设深度、排水暗管的有效半径、侧向饱和导水率、相对不透水层深度和排水模数。

地表排水设计参数主要为地表最大和最小坑洼的深度。排水沟(管)间距和埋深是根据试验实际设计的暗管埋深而确定的,即 T1 埋深 120 cm,间距 3000 cm; T2 埋深 80 cm,间距 2000 cm。排水管的有效半径为试验实际设计的吸水管半径,本研究为 4 cm。同时,本研究根据研究区实际情况及模型率定来确定排水模数、相对不透水层深度、田面平均积水深度、最大积水深度(田埂高度)。具体输入的排水系统参数见表 7-1。

表 7-1　模型输入的排水系统参数表

排水系统参数	T1 处理	T2 处理
排水暗管埋深/cm	120	80
排水暗管间距/cm	3000	2000
排水暗管有效半径/cm	4	
相对不透水层深度/cm	250	
排水模数/cm·d^{-1}	2.5	
最大积水深度/cm	3	
田面平均积水深度/cm	0.5	

4. 作物参数

作物收获日期和作物的根深,是 DRAINMOD 主要输入的作物参数。在作物生长发育的不同阶段,根部深度是不同的,且作物吸收水分的能力随根部深度的变化而不同。表 7-2 是 2019 年及 2020 年向日葵的作物参数。

表 7-2　2019 年及 2020 年向日葵作物参数

2019 年	日期	6 月 10 日	7 月 10 日	7 月 20 日	8 月 20 日	8 月 30 日	9 月 10 日	9 月 25 日
	根深/cm	2	11	18	27	35	30	10
2020 年	日期	6 月 15 日	7 月 15 日	7 月 25 日	8 月 15 日	8 月 25 日	9 月 5 日	9 月 20 日
	根深/cm	3	10	20	25	32	28	11

7.3　模型率定与验证

7.3.1　模拟效果的评价

DRAINMOD 模型虽然具有简洁、快捷和预测精准等优点,但是该模型是否能够用来研究试验区的排水问题,还需要经过实测数据资料的率定和验证。模型模拟的好坏,主要从两个方面进行分析和评价,一方面可以将模型模拟出来的结果与田间试验实际观测值绘成图形进行直观比较,即根据模拟值与实测值所绘成的曲线情况,分析二者相吻合的程度;另一方面可以借助统计参数进行评价。DRAINMOD 模型模拟效果的评价指标主要有相关系数 R、总量相对误差 ε、纳什效率系数 η^2。

通常用相关系数 R 来表示模拟结果与实际观测结果之间的相近程度,R 的取值范围在 0 到 1 之间,R 与 1 的差距越小,说明实测结果与模型模拟结果越接近,越接近于 0,则说明模型模拟结果与实测结果相差程度较大。相关系数 R 的计算公式为

$$R = \sqrt{\frac{\left[\sum_{i=1}^{n}(O_i - O_m) \cdot (P_i - P_m)\right]^2}{\sum_{i=1}^{n}(O_i - O_m)^2 \cdot \sum_{i=1}^{n}(P_i - P_m)^2}} \qquad (7-12)$$

式中:n 为全部时间段内的序列个数;O_i 为第 i 个时间段的实测结果;O_m 为全部时间段内实测结果的平均值;P_i 为第 i 个时间段的模拟结果;P_m 为全部时间段内模拟结果的平均值。

总量相对误差 ε 是模拟结果与实测结果的绝对误差和实测值之比,绝对值越小,表明模拟值与测量值越接近,绝对值越大,表明模拟值与测量值差值越大,ε 的最优值为 0。总量相对误差 ε 的计算公式为

$$\varepsilon = 100\% \times \left[\left(\sum_{i=1}^{n} P_i - \sum_{i=1}^{n} O_i\right) \Big/ \sum_{i=1}^{n} O_i\right] \qquad (7-13)$$

式中:P_i 为第 i 个时间段的模拟结果;O_i 为第 i 个时间段的实测结果。

纳什效率系数 η^2 通常被用来表示模型模拟结果的可信程度,η^2 的取值范围在 $-\infty$ 到 1 之间,η^2 越接近于 1,说明模拟结果的可信程度越高,越接近于 $-\infty$,则说明模拟结果的可信程度越低。根据前人总结经验可知:当 η^2 大于 0.75 时,模拟效果为较优;当 η^2 大于 0.36 但小于 0.75 时,可以认为模拟效果良好;当 η^2 小于 0.36 时,认为模拟效果较差。

纳什效率系数 η^2 的计算公式为

$$\eta^2 = 1 - \left[\sum_{i=1}^{n} (O_i - P_i)^2 / \sum_{i=1}^{n} (O_i - O_m)^2 \right] \qquad (7-14)$$

式中:O_i 为第 i 个时间段的实测结果;P_i 为第 i 个时间段的模拟结果;O_m 为全部时间段内实测结果的平均值。

7.3.2　模型的率定

在 DRAINMOD 模型中输入气象、土壤、排水系统设计和作物参数,对不同处理小区的地下水埋深进行模拟,并将模拟结果与实际观测结果进行比较。若二者相关程度较差,则重新调整参数进行模拟。经过多次调整参数和模拟,提高 DRAINMOD 模型的模拟精确度,使模型模拟结果与实际观测结果的误差在允许范围内,以此来确定模型的最终参数。本研究利用 2019 年研究区地下水实测结果进行模型的率定,图 7 - 2 和图 7 - 3 为 2019 年 7—9 月利用模型模拟及研究区实际观测的地下水埋深动态变化情况。

由图 7 - 2 和图 7 - 3 可以看出,模拟结果与实际观测结果匹配度较高。T1 处理模拟结果与实际观测结果相关系数 R 为 0.89,纳什效率系数 η^2 为 0.76,总量相对误差 ε 为 8.4%;T2 处理模拟结果与实际观测结果相关系数 R 为 0.91,纳什效率系数 η^2 为 0.79,总量相对误差 ε 为 6.7%。总体而言,T2 处理的模拟效果略微优于 T1 处理,且均在可接受范围内。田间地下水埋深主要受到降水和灌溉的影响,降水或灌溉后地下水埋深会明显上升。2019 年 7—9 月 T1、T2 处理地下水埋深基本在 160 cm 至 190 cm 之间波动,模型预测的地下水埋深基本为 160~180 cm,这与模型无法分段设置灌溉间隔有关。可见,利用 DRAINMOD 模型模拟的结果较优,且模拟精度良好。因此,可以用 DRAINMOD 模型来模拟研究区地下水埋深变化情况。

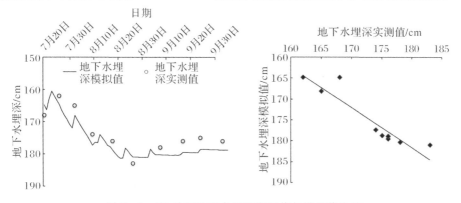

图 7 - 2　T1 处理地下水埋深实测值与模拟值比较

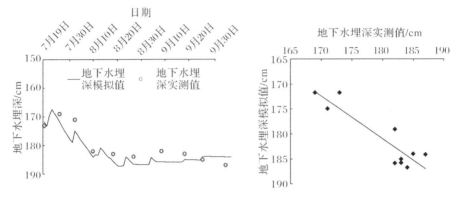

图 7-3 T2 处理地下水埋深实测值与模拟值比较

7.3.3 模型的验证

利用 2020 年 5—9 月实测的研究区地下水埋深数据对模型进行检验,模拟结果如图 7-4 和图 7-5 所示。整体看,利用 DRAINMOD 模型可连续地得到研究区地下水埋深变化的过程,且模拟结果和实测结果吻合程度较高。因模型自身对于降雨和灌溉比较敏感,且实际农业生产中,地下水位动态变化易受人为、气象、种植结构和地形地势等复杂因素影响,所以在灌溉和降雨时期,模拟地下水埋深变化速度较实际观测结果更快。

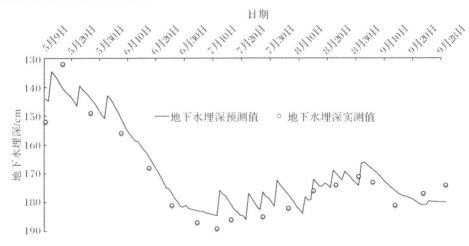

图 7-4 2020 年 T1 处理地下水埋深实测值和模拟值的变化

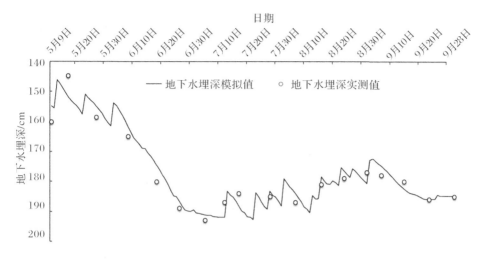

图 7-5　2020 年 T2 处理地下水埋深实测值和模拟值的变化

图 7-6 和图 7-7 为 2020 年研究区不同处理的地下水埋深模拟结果与实测结果的比较,由图 7-6 和图 7-7 及计算结果可知,T1 处理模拟结果与实际观测结果的相关系数 R 为 0.95,纳什效率系数 η^2 为 0.87,总量相对误差 ε 为 5.5%;T2 处理模拟结果与实际观测结果的相关系数 R 为 0.96,纳什效率系数 η^2 为 0.91,总量相对误差 ε 为 4.2%。上述结果表明,DRAINMOD 模型的模拟精度较优。

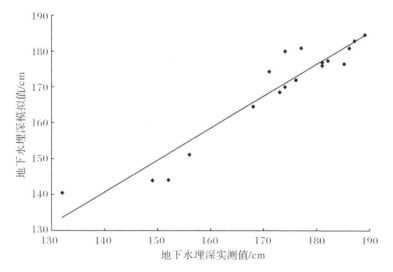

图 7-6　2020 年 T1 处理地下水埋深实测值和模拟值的比较

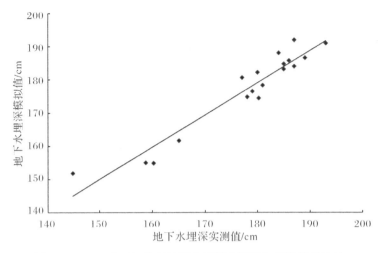

图 7 - 7　2020 年 T2 处理地下水埋深实测值和模拟值的比较

表 7 - 3 是 2019、2020 年 DRAINMOD 模型模拟的研究区地下水埋深各项评价指标,由表 7 - 3 可以看出,在率定期和验证期,DRAINMOD 模型的纳什效率系数 η^2 均不低于 0.75,相关系数 R 都在 0.89 及以上,总量相对误差 ε 不超过 9%。研究结果显示,试验区 2019 年和 2020 年的地下水埋深率定及验证结果都符合要求,该模型能够应用于研究区的田间末级暗管排水系统设计的模拟。

表 7 - 3　2019 年和 2020 年 DRAINMOD 模型模拟的研究区地下水埋深的评价指标

模拟时间	处理措施	相关系数 R	纳什效率系数 η^2	总量相对误差 ε/%
率定期	T1	0.89	0.76	8.4
	T2	0.91	0.79	6.7
验证期	T1	0.95	0.87	5.5
	T2	0.96	0.91	4.2
平均值		0.93	0.83	6.2

7.4　田间排水模拟

本研究通过 DRAINMOD 模型模拟地下水埋深在不同的暗管埋设深度和间距组合下的变化情况,对现有的排水暗管埋深和间距的设计参数进行优化。

7.4.1　选定合适的排水指标

土壤中水分和盐分的运移主要受到各种气象因素、水利因素和地下水埋深的变化关系等影响。当排水设施不完善等问题引起田间排水不畅时,浅层地下水水位会迅速上升,土壤中的盐分在气候干燥和蒸散发作用较强的条件下,随着水分不断地运移到土壤表层,从而造成土壤发生次生盐渍化,危害了田间作物的正常生长。在田间排水措施完善的条件下,多余的地下水能够被及时排出,土壤中残留的各种污染物也会慢慢减少,土壤中的盐分也会随之排出土体,为农作物的正常生长提供良好的条件。由于田间现场试验需要耗费过多的人力、物力和时间,且现有的数据资料较为有限,为了使排水暗管的设计参数能切实反映实际情况,故本书选择适宜的地下水埋深作为田间末级排水暗管布设参数设计的参考依据。

适宜的地下水埋深是指防止土壤积盐严重,且不影响作物正常生长的地下水埋深的适宜范围区间。保持地下水水位在适宜的埋深区间之内,是防治土壤盐碱化、维持良好农田生态环境的关键,通常也被称为地下水最优生态环境埋深。当地下水埋深不在适宜的区间时,农田生态环境将受到一定的破坏,且当地下水水位过低时,作物根系基本无法吸收和利用地下水,从而需要增加灌水次数和灌溉用水量。

国内外专家学者针对地下水适宜埋深已做过较多的相关研究,综合研究了西北地区土壤水和地下水、植物生长状况,并建议温带荒漠区的地下水适宜埋深控制在 1.5 m 至 4 m 之间,暖温带荒漠区控制在 2.0 m 至 4.0 m 之间。针对不同类型的植物,应有与之对应的地下水适宜埋深,如怪柳的地下水适宜埋深应在 1.3 m 至 1.5 m 之间,马莲在 1.2 m 以下,柳＋紫穗槐＋景天则应在 1.5 m 以下。王雅云(2018)认为,适宜民勤绿洲植被生长的合理地下水位为 4.5 m。王赫生等(2018)研究了作物产量在不同地下水埋深下的变化情况,认为在淮河平原区亚黏土条件下,大豆、玉米和小麦的适宜地下水埋深分别为 40～100 cm、40～100 cm 和 60～150 cm。随着地下水埋深的增大,玉米产量表现为先增后减的趋势,就玉米的产量而言,银北灌区玉米生产的地下水适宜埋深应为 140～155 cm。

王伦平(1992)建议在河套灌区粉质壤土条件下,地下水埋深在生育期需要控制为 1.8～2.0 m,沙壤土秋浇后的地下水临界深度为 1.8 m 左右。他们在田间试验基础上,借助模型模拟得到了河套灌区隆胜试验区玉米生育期的地下水埋深阈值为 1.6～2.2 m。孔繁瑞等(2009)研究了作物生物性状指标、土壤水分利用效率和养分状况与地下水埋深之间的响应规律,结果表明:为有利于河套灌区作物生长,地下水埋深应控制在 1.5～2.5 m,但为了防治土壤盐渍化,应将地下水埋深控制在 2.0 m 左右较好。为实现节水、控盐和增产等多重目标,河套灌区小麦、玉米适宜地下水埋深应分别为 1.5～2.0 m、1.5～2.0 m。

综上所述,研究区土壤质地主要为粉质壤土,根据前人已有的研究结果并结合实际情况,认为研究区向日葵生育期的地下水适宜埋深应为 1.8～2.0 m。

7.4.2　暗管埋设深度对地下水埋深的影响

在试验研究基础上,设置以下几种模拟情景:

(1)暗管间距 10 m,暗管埋深分别为 80 cm、100 cm、120 cm 和 160 cm。

(2)暗管间距 20 m,暗管埋深分别为 80 cm、100 cm、120 cm 和 160 cm。

(3)暗管间距 30 m,暗管埋深分别为 80 cm、100 cm、120 cm 和 160 cm。

图 7-8 到图 7-10 为 3 种情景下的模拟结果。从图中可以看出,向日葵生育期,3 种情景下,地下水埋深的变化趋势基本一致。向日葵于 6 月 10 日播种,收获时间为 9 月 28 日。在向日葵生育初期(6 月～7 月),降雨较少,地下水埋深较深,随着降雨增多和作物生育期灌水,地下水埋深随之减小。

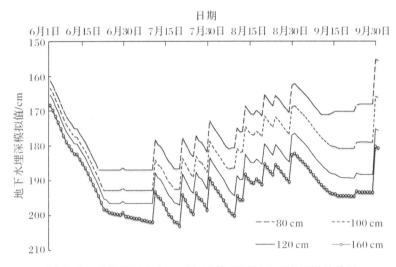

图 7-8　暗管间距为 10 m 时,暗管埋深与地下水埋深的关系

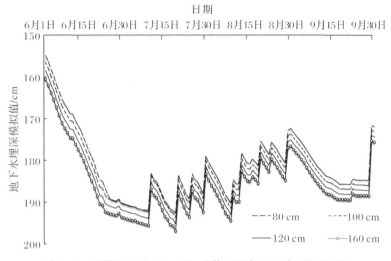

图 7-9　暗管间距为 20 m 时,暗管埋深与地下水埋深的关系

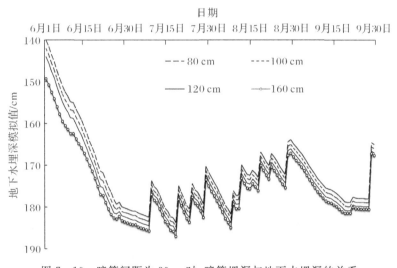

图 7-10　暗管间距为 30 m 时,暗管埋深与地下水埋深的关系

当暗管埋设间距为固定值时,地下水埋深随暗管埋设深度的增加而逐渐增大。3 种固定的暗管间距中,暗管埋设深度为 80 cm 时的地下水埋深最小,埋设深度为 160 cm 时地下水埋深变化最为剧烈。暗管间距为 10 m,暗管埋设深度超过 120 cm 时,向日葵全生育期内地下水埋深基本保持在 1.8~2.0m;当暗管埋设深度为 100 cm 时,地下水埋深在 1.70 m 至 1.93 m 之间变化,生育期内仅有 69 天地下水埋深超过 1.8 m,占生育期总天数的 62.16%;当暗管埋设深度为

80 cm时,地下水埋深较浅,在 1.62 m 到 1.87 m 之间浮动,地下水埋深超过 1.8 m天数仅占总天数的 37.84%。暗管间距为 10 m,暗管埋设深度由 120 cm 增加至 160 cm 时,向日葵生育期内地下水埋深平均值由 1.87 cm 增大到 1.92 cm,增加幅度为 3.0%。当暗管间距为 20 m,暗管埋设深度为 160 cm 时,生育期内有超过85%的天数地下水埋深达到了 1.8 m,其余 3 种暗管埋深尺度下,均低于80%。当暗管间距增加到 30 m 时,4 种暗管埋深尺度下,地下水埋深均较浅,基本在 1.54 m 至 1.85 m 之间变化,无法达到研究区地下水适宜的埋深值。

综合来看,只有当暗管间距为 10 m,埋深 120 cm 和 160 cm,以及暗管间距 20 m,埋深 160 cm 时,向日葵生育期内研究区的地下水埋深能够保持在 1.8 m 至 2.0 m 之间变化。

7.4.3　暗管埋设间距对地下水埋深的影响

由 7.4.2 节分析结果可知,当研究区暗管埋深超过 120 cm 时,才能够对地下水埋深起到较好地调控作用,所以,在试验研究基础上,设置以下几种模拟情景:

(1)暗管埋深 120 cm,暗管间距分别为 10 m、15 m、20 m 和 25 m。

(2)暗管埋深 130 cm,暗管间距分别为 10 m、15 m、20 m 和 25 m。

(3)暗管埋深 140 cm,暗管间距分别为 10 m、15 m、20 m 和 25 m。

(4)暗管埋深 150 cm,暗管间距分别为 10 m、15 m、20 m 和 25 m。

(5)暗管埋深 160 cm,暗管间距分别为 10 m、15 m、20 m 和 25 m。

模拟结果如图 7-11 至图 7-15 所示。当暗管埋深为定值不变时,随着暗管埋设间距的减小,地下水埋深呈现增大的趋势。不同暗管埋深下,均显示暗管间距为 10 m 时,地下水埋深最大,变化幅度最为剧烈;当暗管间距增加到 25 m 时,地下水埋深最浅,变化幅度与其他 3 种间距相比较小。当暗管埋深为 120 cm 和 130 cm 时,地下水埋深仅在暗管间距为 10 m 和 15 m 时有明显变化;当暗管埋深超过 130 cm时,地下水埋深变化程度逐渐变大,以暗管间距为 10 m 时最为明显。

表 7-4 为不同暗管埋深与间距组合时地下水埋深不低于适宜埋深的保证率,地下水埋深保证率随着暗管埋设深度的减小而变小。暗管间距为 10 m,暗管埋深由 120 cm 依次增加到 160 cm 时,5 种暗管埋深的保证率先增大后减小,均超过 85%,即研究区地下水埋深模拟值始终高于 1.8 m。暗管间距为 25 m 时,5 种暗管埋深保证率均低于 85%,即研究区地下水埋深有超过 17 天小于适宜埋深值。

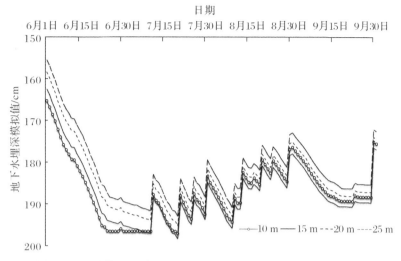

图 7 - 11　暗管埋深为 120 cm 时，暗管间距与地下水埋深的关系

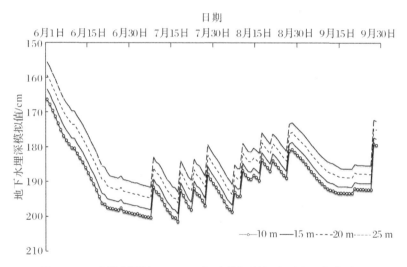

图 7 - 12　暗管埋深为 130 cm 时，暗管间距与地下水埋深的关系

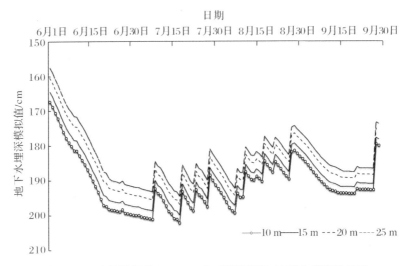

图 7 - 13　暗管埋深为 140 cm 时,暗管间距与地下水埋深的关系

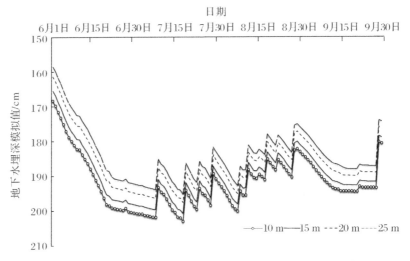

图 7 - 14　暗管埋深为 150 cm 时,暗管间距与地下水埋深的关系

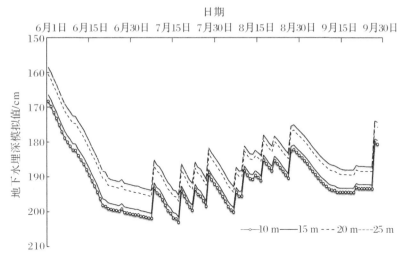

图 7 - 15　暗管埋深为 160 cm 时,暗管间距与地下水埋深的关系

表 7 - 4　不同暗管埋深与间距组合时地下水埋深不低于适宜埋深的保证率

暗管间距	暗管埋深				
	120 cm	130 cm	140 cm	150 cm	160 cm
10 m	91.00%	95.50%	90.99%	85.59%	85.59%
15 m	89.19%	94.59%	95.49%	97.30%	95.50%
20 m	83.78%	84.68%	88.29%	91.00%	92.79%
25 m	74.77%	76.58%	81.08%	81.98%	83.78%

注:保证率为生育期内保证地下水埋深在地下水适宜埋深范围内的天数与生育期总天数的商。

综合来看,暗管间距为 10 m,暗管埋深为 120~140 cm 时,地下水埋深为 1.8~2.0 m 的天数超过总天数 90%;暗管间距为 15 m,埋深不低于 130 cm 时,地下水埋深为 1.8~2.0 m 的天数超过总天数的 94% 以上;暗管间距为 20 m,仅在暗管埋深为 150 cm 和 160 cm 时,超过 90% 的天数地下水埋深高于 1.8 m。若仅从控制地下水埋深考虑,以暗管间距 15 m,埋深 150 cm 时,保证率最高,为 97.30%。但暗管间距越小,改良相同面积盐碱地需铺设更多暗管,势必增加成本,因此,本研究建议采用暗管间距 20 m,埋深 150~160 cm 的方案,这样既可满足地下水埋深控制在适宜范围的需求,又可有效节省工程成本。

合理设置排水暗管埋设深度和埋设间距等参数,是保证暗管排水系统有效排水控盐的基础。不同地区的暗管排水系统参数受当地气象、土壤、作物等多重因素的影响而有所不同。本研究在田间试验监测的基础上,借助 DRAINMOD 模型模拟不同暗管布设参数的运行效果,以此确定合理的田间排水系统布局。本研究利用地下水埋深实测数据对模型进行率定和验证,结果表明,DRAINMOD 模型可用于研究区暗管排水系统布设的模拟研究。作物生长与地下水埋深的动态变化密切相关,本研究以适宜的地下水埋深为排水指标,设定不同的模拟情景,发现当暗管埋设间距为固定值时,地下水埋深随暗管埋设深度的增加而增大;当暗管埋深为定值不变时,随着暗管埋设间距的减小,地下水埋深呈现增大的趋势。

本研究利用试验实测数据对模型进行率定和检验,研究结果显示:无论是在率定期还是在验证期,DRAINMOD 模型的纳什效率系数 η^2 均不低于 0.75,相关系数 R 都在 0.89 以上,总量相对误差 ε 不超过 9%。这说明 DRAINMOD 模型能够较好地模拟田间地下水埋深每日的变化情况,以及不同排水暗管埋设参数下农田水文的变化特征,可以用于研究区的田间末级暗管排水系统设计的模拟。利用模型优化排水暗管埋设参数,综合考虑建议,研究区暗管埋设间距定为 20 m,暗管埋设深度在 150~160 cm 时,既能满足将地下水埋深控制在适宜的埋深范围内的需求,又能在一定程度上节省工程成本。

第8章

暗管排水协同改良盐碱地
综合效益分析

通过前期基于暗管排水排盐工程,协同牧草种植与筛选、节水控盐、生物调理剂配施等综合措施改良盐渍土,研究区的耕地结构、养分、土壤水盐运移等方面得到了显著改善。本章研究在研究区种植葵花和玉米,分别测定不同区的作物种植面积比例和产量,并通过走访研究区农户和市场调研,收集不同作物的播种成本、灌溉成本和市场价格等数据信息,对暗管排水协同改良盐碱地的综合效益进行分析。

8.1 暗管排水协同改良盐碱地经济效益分析

8.1.1 作物产量和收益

根据研究区已有排水沟和田间道路分布等实际情况,将改良后的研究区暗管控制区域分为 A、B、C 三个监测区,其中,A 区以轻度盐渍化土为主,占研究区面积85%;B 区以重度盐渍化土为主,约占研究区面积 5%;C 区以中度盐渍化土为主,约占研究区面积 10%。W 区为无暗管布置区,其主要为轻中度盐渍化土,同时 W 区与 A 区由尼龙薄膜分隔,以阻断区域间水分与盐分的影响。研究区总面积 130 亩,主要种植作物为玉米和葵花。2020 年研究区玉米种植面积约占总种植面积的65%,葵花约占 35%。2021 年受 2020 年玉米市场价格影响,研究区种植玉米面积略有扩大,葵花种植面积减少,其中玉米种植面积约占总种植面积的 70%,葵花约占 30%。

收获时,分别测得玉米和葵花产量,并通过调查当地近三年玉米、葵花收购价格,计算各试验区玉米、葵花收益。研究区玉米秸秆处理方式为回收秸秆用于畜牧饲料加工,秸秆产量约为 20 捆/亩,且收购价格较为固定,为 4 元/捆。玉米收益由玉米产量收益和秸秆收益共同组成,葵花收益只包括葵花产量收益,研究区各区作物产量和收益具体见图 8-1 和表 8-1。

由图 8-1 可知,研究区暗管排水控制区玉米和葵花产量均高于 W 区,同时呈逐年增长趋势。其中,玉米和葵花产量表现均为 A 区>C 区>B 区>W 区。2020 年,暗管控制 A 区、B 区、C 区玉米产量与 W 区相比,分别增产 102.12 千克/亩、23.54 千克/亩和 59.83 千克/亩,葵花较 W 区分别增产 46.07 千克/亩、14.91 千克/亩和 30.49 千克/亩。2021 年,暗管控制各区较 W 区,玉米增产 60.88 千克/亩~194 千克/亩,葵花增产27.72 千克/亩~51.78 千克/亩,各区中均为 A 区增产幅度最大。相较于 2020 年,2021 年 A 区、B 区、C 区和 W 区玉米产量分别增产 98.2 千克/亩、43.66 千克/亩、73.93 千克/亩和 6.32 千克/亩,葵花分别增产 3.79 千克/亩、11.07 千克/亩、7.52 千克/亩和-1.74 千克/亩。这表明实施暗管排水工程,通过其排水排盐可以提高土壤质量,促进作物增产,且随时间延长,效果逐渐明显。

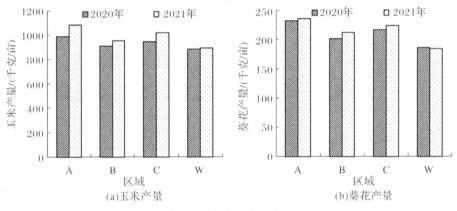

图 8-1　研究区作物产量

表 8-1　研究区各监测区玉米和葵花收益

年份	区域	玉米收益/(元/亩)	玉米较 W 区域增收/(%)	葵花收益/(元/亩)	葵花较 W 区域增收/%
2020 年	A	2052.14	9.95	1853.68	19.88
	B	1894.98	2.48	1604.40	7.43
	C	1967.56	6.08	1729.04	14.11
	W	1847.90	0	1485.12	0

年份	区域	玉米收益 /(元/亩)	玉米较 W 区域增收/(%)	葵花收益 /(元/亩)	葵花较 W 区域增收/%
2021 年	A	2140.11	17.22	1714.65	21.97
	B	1887.19	6.13	1484.07	9.85
	C	2013.65	12.02	1599.36	16.35
	W	1771.51	0	1337.93	0

通过调查研究区玉米和葵花市场价格,取近两年收购单价与当年收购单价平均值,作为当年玉米和葵花市场价格。经过调查和计算,2020 年和 2021 年玉米市场价格分别为 2 元/千克和 1.9 元/千克。2021 年玉米收购价格略低于 2020 年,但玉米产量有所增加,研究区中 A 区和 C 区 2021 年玉米收益分别较 2020 年增加 87.97 元/亩和 46.09 元/亩,而 B 区和 W 区收益分别降低 7.79 元/亩和 76.39 元/亩。同时,玉米秸秆作为饲料回收,其价格和产量相对稳定,均为 80 元/亩。2020 年和 2021 年葵花收购价格分别为 8 元/千克和 7.4 元/千克。2021 年葵花市场收购价格较低,虽然 2021 年各区葵花产量较 2020 年均有增加,但 A、B、C 和 W 区 2021 年葵花收益分别较 2020 年降低 139.03 元/亩、120.33 元/亩、129.68 元/亩和 147.19 元/亩。2020 年和 2021 年暗管控制 A、B、C 区玉米收益分别较 W 区增加 204.24 元/亩、47.08 元/亩、119.66 元/亩和 368.60 元/亩、115.68 元/亩、242.14 元/亩,葵花收益分别较 W 区增加 368.56 元/亩、119.28 元/亩、243.92 元/亩和 376.72 元/亩、146.14 元/亩、261.43 元/亩。

研究区各区作物种植比例及收益如表 8-2 所示。由表 8-2 可知,除 W 区外,A、B、C 区 2021 年葵花种植面积比例较 2020 年均有所降低。同时,本研究通过计算得到了研究区各区的作物收益,A 区作物收益在 2 年的监测中均为最大,分别为 2018.40 元/亩和 2089.05 元/亩。另外,由于玉米收购价格较葵花收购价格稳定,且玉米单位面积收益高于葵花,因此,暗管排水控制试验区经过协同改良后玉米种植面积不断扩大,葵花种植面积相对减小,作物总体收益在一定程度上呈增加趋势。

表 8-2 研究区各区作物种植比例及收益

区域	2020 年			2021 年		
	种植比例/%		作物收益 /(元/亩)	种植比例/%		作物收益 /(元/亩)
	玉米	葵花		玉米	葵花	
A	83	17	2018.40	88	12	2089.05
B	52	48	1755.50	58	42	1717.88
C	66	34	1886.46	70	29	1893.51
W	90	10	1809.71	83	17	1697.80

综上,从作物产量角度来看,实施暗管排水协同改良工程可显著提高作物的产量;同时,从作物收益角度看,在作物市场价格较为稳定的条件下,暗管排水协同改良工程可通过提高作物产量的方式增加作物收益。但是,由于市场价格波动,研究区葵花出现了增产不增收的现象。就目前来看,各区玉米种植面积不断扩大,有利于提高各区作物收益。

8.1.2 单位面积投资

暗管排水协同改良工程作为改良土壤盐渍化的工程措施之一,其工程建设费用一次性投资较大。同时,对于农户与企业来说,暗管排水协同改良工程实施后获得的收益能否达到其既定心理预期,也是重要因素之一。因此,暗管排水协同改良工程投资的大小成为影响其能否大面积推广和应用的重要因素之一。通过查阅施工相关资料得到,研究区暗管排水协同改良工程建设总投资 Q 为 20.38 万元,各区域暗管控制面积分别为 34 亩、54 亩和 35.5 亩。同时,通过计算得到暗管排水协同改良工程的单位面积投资,具体数据见表 8-3。

表 8-3 暗管排水工程单位面积投资

区域	暗管建设投资/万元	面积/亩	暗管单位面积投资/(元/亩)
A	5.2	34	1530
B	8.9	54	1649
C	6.28	35.5	1770

由于研究区各暗管布置参数不同,导致各区暗管的单位面积投资存在差异性。单位面积投资作为反映投资费用的经济指标,进行区域间比较时,在确保完成项目

预期效果的前提下,单位面积投资越小,其方案越优。之所以暗管布置参数会产生差异性,主要是由于暗管控制各区土壤盐渍化程度存在一定的差异性,相关设计单位和施工单位是根据各区土壤盐渍化程度和实际情况对排水暗管布置参数进行设计并确定布置方案的。虽然 A、C 区面积相近,但由于 C 区排水暗管布置长度大于A 区,以及 C 区田块分割较多增加了施工机械的成本,使得 C 区单位面积投资较A 区有所增加。而 B 区,虽然其土壤盐渍化较为严重,排水暗管布置长度均大于A 区和 C 区,但其面积较大且较好的土地平整度有利于机械施工,所以其单位面积投资低于 C 区。因此,从单位面积投资看,暗管控制区中 A 区单位面积投资最小,其方案最优。

8.1.3　种植成本

研究区种植作物主要为葵花和玉米,通过实地调查,研究区种植成本由种子、化肥、灌溉、农药、土地整理及机械成本等费用组成。根据当地耕作中的施肥习惯,玉米施肥采用复合肥和磷酸二胺混合使用,共施肥两次,葵花施肥采用磷酸二铵和尿素混合使用,施肥一次;灌溉为一年灌溉多次,即春灌、作物生长阶段灌溉和秋浇灌溉;农药采用无人机喷洒;地膜采用黑色塑料薄膜;土地整理及机械费用包括播种前土地整理费用、播种费用、收获费用和翻地费用等。调查得到,玉米种植成本为 601.12 元/亩,葵花种植成本为 494.20 元/亩。各作物具体种植成本如表8-4和表 8-5 所示。

表 8-4　玉米种植成本

成本类型		单价	数量	总价
种子成本		65 元/(亩・袋)	1.25 袋	81.25 元/亩
化肥成本	复合肥	136 元/(亩・袋)	2.25 袋(每袋 40 kg)	306 元/亩
	磷酸二铵	146 元/(亩・袋)	0.2 袋(每袋 50 kg)	29.2 元/亩
农药成本		8 元/(亩・次)	1 次	8 元/亩
地膜成本		80 元/(亩・捆)	0.34 捆	27.2 元/亩
土地整理及灌溉成本		315 元/(亩・年)	1 年	315 元/亩

表 8 - 5 　葵花种植成本

成本类型		单价	数量	总价
种子成本		280 元/(亩·袋)	0.17 袋	47.6 元/亩
化肥成本	磷酸二铵	146 元/(亩·袋)	0.4 袋(每袋 50 kg)	58.4 元/亩
	尿素	220 元/(亩·袋)	0.2 袋(每袋 50 kg)	88 元/亩
农药成本		8 元/(亩·次)	1 次	8 元/亩
地膜成本		80 元/(亩·捆)	0.34 捆	27.2 元/亩
土地整理及灌溉成本		265 元/(亩·年)	1 年	265 元/亩

8.1.4　人均纯收入

　　人均纯收入是指个人收入扣除必需的费用后所剩余的部分,是反映一个国家或地区居民收入的平均水平。通过调查研究区种植作物的总收益,计算得到 2019 年研究区人均纯收入为 1505.31 元。2020 年和 2021 年,各区作物净收益由测算得到,作物产量与种植成本和暗管投资经计算得到。经过调查,研究区各区共涉及农户 33 户,农民 133 人。在此通过计算确定暗管排水工程实施后各区人均纯收入情况,得到图 8 - 2。

　　由图 8 - 2 可以看出,2020 年和 2021 年研究区人均纯收入均高于 2019 年人均纯收入,且暗管控制各区人均纯收入均有不同程度增长。2020 年研究区各区(A区、B 区、C 区、W 区)人均纯收入较 2019 年分别增加 455.42 元、250.19 元、257.04 元和 39.79 元,其中 A 区增加幅度最大。暗管控制各区(A 区、B 区和 C区)人均纯收入较 W 区增加 210.4~415.63 元。2021 年 A 区、B 区、C 区和 W 区人均纯收入较 2019 年分别增加 34.81%、14.12%、17.51% 和 1.58%。受作物市场收购价格,以及各区玉米和葵花种植面积比例变化的影响,2021 年人均纯收入较 2020 年呈现出不同趋势,其中,A 区、C 区 2021 年较 2020 年人均纯收入呈增加趋势,分别增加 68.64 元和 6.58 元;B 区、W 区呈降低趋势,分别降低 37.62 元和 15.95 元。这表明暗管排水工程的实施可以促进人均纯收入的提高。另外,2020年和 2021 年 A 区人均纯收入最高,接下来为 C 区、B 区和 W 区。这是由于 A 区土壤盐渍化程度低于其他区域且与暗管排水工程相结合,作物增收获得良好效果。并且,虽然 B 区和 C 区土壤盐渍化程度较 W 区重,但是由于暗管排水工程的实施,土壤盐渍化程度不断降低,使得其人均纯收入高于 W 区。而 W 区缺少有效的改良措施,作物生长受盐分影响较为严重,所以其人均纯收入低于暗管控制各区。因此,从人均纯收入方面来看,A 区人均纯收入最高,暗管排水协同改良工程实施效果最优。

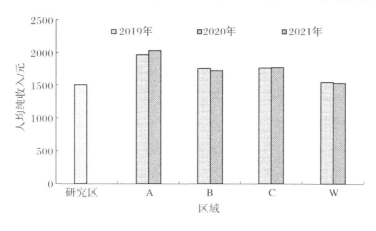

图 8-2　研究区人均纯收入

8.2　暗管排水协同改良盐碱地社会效益分析与评价

暗管排水协同改良工程的社会效益受农田水土环境和经济效益指标影响较大,同时社会效益是暗管排水协同改良工程综合效益的重要组成部分。社会效益主要通过走访调查的方式获取相关数据。另外,社会效益也是影响暗管排水协同改良工程能否顺利推广和应用的重要因素。

1. 人均纯收入

人均纯收入作为反映研究区社会效益的重要指标,也是暗管排水工程在河套灌区能否进一步推广应用的重要因素。本节通过调查研究区农民人数获得研究区人口数量,并计算研究区人均纯收入,明确暗管排水工程实施后对研究区农民收入水平的影响。

2. 农业劳动生产率

农业劳动生产率主要是反映劳动者的生产效率和能力的指标。本节计算暗管排水工程实施后各区农业劳动生产率,明确其在农业生产效率方面的影响。计算公式如下

$$k = \frac{t}{m} \times 100\% \qquad (8-1)$$

式中:k 为农业劳动生产率,%;t 为每亩耕地用工时间,日;m 为各区域单位面积产量,千克/亩。

3.新增耕地面积

暗管排水协同改良工程实施后,研究区新增耕地面积的主要来源包括原有田间排水沟回填整理为耕地和土壤盐渍化较为严重的荒地改良为耕地。本节通过实地测量的方式,确定暗管排水协同改良工程实施后研究区增加的耕地面积,并计算研究区实现全区域可耕种所需要的时间。

4.农民满意度

本研究通过向研究区农民宣传暗管排水协同改良工程的运行和改良原理,以问卷调查的方式了解农民对暗管排水协同改良工程实施后的满意程度。问卷内容主要包括:对各区域作物生长阶段长势满意度、对地下水和土壤含盐量降低幅度的满意度、对各区域种植作物产量以及品质的满意度、对各区域种植作物种类多元化和促进区域农业发展的满意度等满意度评价项。问卷调查时间为每年的 11 月中旬。调查问卷共分为 10 项,采用每项满分 10 分的打分原则,根据暗管排水工程实施后不同监测区在土壤改良效果、作物长势以及产量等方面的变化进行打分,最后取所有评价项的平均分作为本年度的农民满意度得分。

8.2.1 农业劳动生产率

农业劳动生产率是指劳动时间与劳动成果的比值,是反映劳动者的生产效果和能力的指标。提高农业劳动生产率就是在更短的时间内创造出更多的农业产品。根据《全国农产品成本收益资料汇编》(2021 年)中相关数据得到内蒙古自治区 2020 年不同作物每亩耕地用工天数,由于资料中无葵花每亩耕地用工天数,所以其采用内蒙古主要作物平均值进行计算。将已有研究区各区玉米和葵花产量,通过农业劳动生产率公式进行计算。由于未对研究区当地每亩耕地用工时间进行实际测算,故计算结果可能存在一定偏差。由于《全国农产品成本收益资料汇编》(2021 年)的统计数据更新至 2020 年,因此,本研究仅对 2020 年作物的农业劳动生产率进行计算。

本研究通过计算得到不同区域玉米和葵花的农业劳动生产率,具体如表 8 - 6 所示。不同区域农业劳动生产率对比如图 8 - 3 所示。由图 8 - 3 可知,研究区玉米和葵花农业劳动生产率均表现为 A 区<C 区<B 区<W 区,A 区农业劳动生产率最小,表明 A 区农业生产效率最高。此外,各区之间葵花农业劳动生产率差异大于玉米农业劳动生产率之间的差异。在相同用工条件下,由于 W 区没有实施暗管排水工程,在原有耕作措施和排水条件下,W 区作物产量低于暗管排水协同改

良工程控制的各试验区,导致其农业劳动生产率较高。暗管排水协同改良工程实施后,A 区、B 区、C 区农业劳动生产率均较 W 区有所降低。这表明暗管排水协同改良工程的实施能显著提高作物产量,提高农业生产者的生产能力。同时,在暗管排水条件下,土壤盐渍化程度越轻,其农业劳动生产率越低,即相同用工天数条件下,盐渍化程度越低,作物产量越高。

表 8-6　研究区玉米和葵花农业劳动生产率

作物	区域	每亩耕地用工天数/日	亩产量/(千克/亩)	农业劳动生产率/%
玉米	A	1.95	986.07	0.198
	B	1.95	907.49	0.215
	C	1.95	943.78	0.207
	W	1.95	883.95	0.221
葵花	A	2.8	231.71	1.208
	B	2.8	200.55	1.396
	C	2.8	216.13	1.296
	W	2.8	185.64	1.508

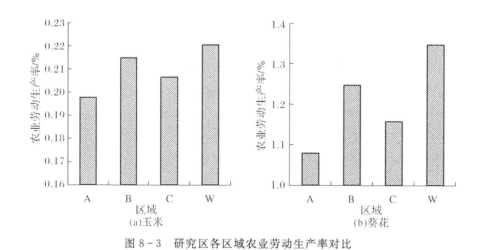

图 8-3　研究区各区域农业劳动生产率对比

8.2.2　新增耕地面积

经过调查发现,研究区原有排水沟淤积较为严重,处于年久失修状态,大部分已失去排水排盐功能。同时,研究区分布有轻度、中度和重度盐渍化土壤,部分区域土壤盐渍化较为严重,已被弃耕为撂荒地。通过暗管排水协同改良工程,既可改良盐渍化土壤,同时也减少了农田排水所需的沟道,节约了耕地面积。研究区各类型土地面积变化及比例见表8-7和图8-4。

表 8-7　研究区耕地面积变化对比

年份	玉米耕地面积/亩	葵花耕地面积/亩	荒地面积/亩	沟渠面积/亩
2019	69.3	37.0	21.2	2.5
2020	72.3	35.4	21.2	1.1
2021	84.5	32.5	12.2	0.8

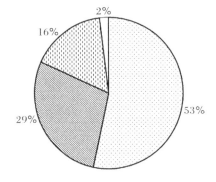
□玉米耕地面积　▨葵花耕地面积　▥荒地面积　□沟渠面积
(a)2019年

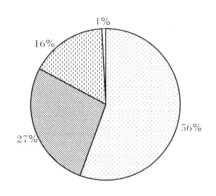
□玉米耕地面积　▨葵花耕地面积　▥荒地面积　□沟渠面积
(b)2020年

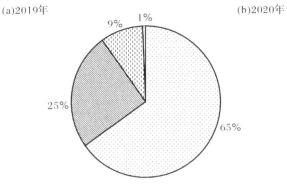
□玉米耕地面积　▨葵花耕地面积　▥荒地面积　□沟渠面积
(c)2021年

图 8-4　研究区土地分布比例

实施暗管排水协同改良工程后,研究区农田生态环境不断改善,可利用耕地面积不断加大。2020 年,由于暗管排水协同改良工程实施时间较短,新增耕地主要为原有排水沟回填整理的耕地,经过实地测量,研究区新增耕地面积为 1.4 亩。2021 年,暗管排水协同改良工程实施后,耕地面积增加较大,主要为盐渍化较为严重的撂荒地经过暗管排水改良后进行试种植,种植作物为耐盐性较好的葵花,种植面积 9 亩,且整理排水沟新增耕地 0.3 亩,共新增耕地 9.3 亩。同时,按现有新增耕地面积速率计算,预计两年内研究区可实现全区域耕种。暗管排水协同改良工程实施后,通过研究区灌溉洗盐,可将土壤中部分盐分排出土壤,降低土壤中盐分含量,同时可控制土壤深层盐分向土壤浅层移动,具有一定的抑制土壤返盐的作用。废弃耕地的重新耕种,有利于研究区生态环境的改变,提高土地利用率。所以,暗管排水协同改良工程通过改良土壤盐渍化的方式,扩大了可利用耕地面积并提高了耕地质量,从而增加了研究区作物产量。

8.2.3　农民满意度

以 W 区域为对比,将其基础评分记为 6 分,满分为 10 分。通过调查问卷的方式,了解研究区农民对暗管排水协同改良工程改良土壤盐渍化的满意程度。其作为暗管排水工程在当地推广应用的重要因素之一,具有重要的参考价值。笔者分别在 2020 年和 2021 年 11 月中旬,对研究区农民进行调查,发放调查问卷,且2021 年发放问卷时尽可能覆盖 2020 年参与调查的农民,以实现调查的连续性。2020 年共发放调查问卷 116 份,回收有效问卷 112 份,有效率 96.55%;2021 年发放调查问卷 127 份,回收有效问卷 125 份,有效率 98.45%。

由图 8-5 可知,暗管排水协同改良工程控制区域农民满意度得分均高于 W区域,且各区域均呈上升趋势。2020 年 A、B、C 区域农民满意度得分均在 8 分以下,较 W 区域分别高 1.2、1.5、1.9,其中 A 区域农民满意度得分低于 B、C 区域。暗管控制各区域 2021 年较 2020 年农民满意度得分增加 0.4～0.8,A 区域增加幅度最大。C 区域农民满意度得分 2020 年和 2021 年均最高,分别是7.9和 8.3。之所以出现上述评价结果,可能是由于 2020 年为暗管排水工程实施的第一年,研究区农民对于暗管排水工程了解不足,同时暗管排水工程改良效果尚未明显显现,导致农民满意度评分较低。另外,由于 A 区域土壤盐渍化程度较轻,农民普遍认为作物增产与暗管排水工程关联性较低,因此出现了上述结果。

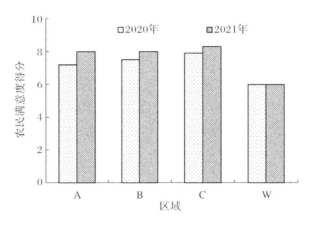

图 8-5　农民满意度得分

2021 年暗管排水协同改良工程的改良效果已基本显现,其中土壤盐渍化较为严重区域的改良效果明显。同时,经过两年改良研究,农民对暗管排水工程的运行原理有了更加深入的了解,暗管排水工程的增产效果也提高了农民对于暗管排水工程的认可度。通过 2020 年和 2021 年的调查结果可以看出,农民对于问卷参与度和认真程度均有一定程度的提升,各区域满意度评分均有所提高。上述分析说明,暗管排水工程改良土壤盐渍化效果已经基本得到研究区农民的认可,为暗管排水工程在当地进一步的推广和应用奠定了坚实的群众基础。

综上所述,暗管排水协同改良工程控制各区玉米和葵花产量分别较 W 区增产 2.6%～17.9% 和 7.4%～22.0%。暗管排水协同改良工程控制各区 2021 年作物产量较 2020 年均有增加。2021 年作物收益受市场价格影响,部分区域出现作物增产不增收现象。A 区改良后增产增收效果最优,其作物产量和收益均高于其他区域。暗管控制 A 区、B 区、C 区单位面积投资分别为 1517 元/亩、1639 元/亩、1760 元/亩,由于 W 区无暗管布置,其单位面积投资记为 0。种植成本玉米为 601.12 元/亩,葵花为 494.2 元/亩。实施暗管排水工程后,暗管控制各区 2020 年和 2021 年人均纯收入较 W 区分别增加 210.4～415.63 元和 188.3～500.22 元。2020 年各区农业劳动生产率中,A 区作物农业劳动生产率最小,其农业生产效率最好。监测期间,2020 年研究区新增耕地 1.4 亩,2021 年新增改良耕地 9.9 亩,且预计 2 年内可实现研究区全域为可利用耕地。研究区农民对暗管排水协同改良工程控制 A 区、B 区、C 区的满意度平均得分较 2020 年分别升高 11.1%、6.7% 和 5.1%,调查参与度提高 7.23%。

8.3　构建综合效益评价指标体系

8.3.1　评价指标的选取

1. 选取原则

暗管排水工程综合效益评价中,由于其评价范围涉及较广,可供评价指标较多,同时评价指标作为评价体系中的关键因素,直接影响着评价结果的准确性,因此,确定评价指标选取的原则,对评价结果的优劣具有重要的影响。

(1)科学性原则。由于不同地区在土壤条件、经济和社会发展等方面具有一定的差异,所以在构建土壤盐渍化改良综合效益评价体系时,需要充分考虑项目实施的目标和研究区当地实际情况等因素。同时评价指标应能够全面、真实地反映出土壤盐渍化改良措施实施后研究区在农田水土环境、经济和社会等方面的变化趋势,且选取指标的含义和计算方法应当科学明确。

(2)代表性原则。评价指标应满足评价体系的需要,但过多的评价指标会出现重复或指标间关联性过强现象,导致评价体系过于复杂,增加数据收集难度和工作量。因此,评价指标应能够在某一角度具有较强的代表性。

(3)系统性原则。构建土壤盐渍化改良效益评价体系时,应坚持整体大于部分的原则,从整体全局的角度出发。效益评价包括农田水土环境、经济和社会三个效益评价角度,选取的评价指标应能够与上、下层指标间具有较强的相关性,且与其他指标相互补充结合为一个整体。同时还需考虑评价指标的分布是否合理,以便全面合理地反映改良措施的实际改良情况。

(4)可行性原则。为保证评价结果的真实有效以及可操作性,在构建土壤盐渍化改良效益评价体系时,需要考虑该评价体系是否具有可行性,主要考虑以下两个方面:一是为了保证监测数据的真实性和可靠性,评价指标应易获取且数据便于分析和整理,对于较难获取相关数据的指标不应纳入指标选取范围;二是在评价过程中,采用主客观相结合的方式,同时保证评价指标标准化后,再进行计算。

2. 选取指标

基于上述选取原则,在已有监测指标基础之上,本研究通过函询专家确定在农田水土环境、经济和社会三个角度选取土壤盐渍化改良综合效益的评价指标,确定评价体系分为目标层、准则层和指标层。目标层作为第一层,即暗管排水工程改良的综合效益评价;准则层作为第二层,分别为农田水土环境、经济和社会效益三个角度,各角度既相互存在一定的联系,又具有一定的独立性;指标层作为第三层,通过查阅相关文献、咨询相关专业领域的专家和学者以及结合研究重点,确定指标层评价指标。首先,将已有监测指标中可以参加效益评价的指标进行汇总。其次,通过相关网站查询本领域内科研院所专家和学者,从中选取从事土壤盐渍化研究10年以上的专家和学者共15名,采取匿名形式发放和回收咨询表,确定评价指标及各评价指标间的相对重要程度。其中,有13位专家和学者进行了有效回复,回复率87%。根据专家和学者的建议和意见,在已有监测指标基础之上,选取土壤含盐量、地下水矿化度、土壤有机质、土壤速效钾、土壤速效磷、土壤水解氮、作物收益、人均纯收入和农民满意度共9项指标,删除土壤含水率和作物产量等其他指标。根据部分专家和学者建议,在经济效益角度增加单位面积净收益作为评价指标,同时在原有监测指标基础之上将土壤含盐量指标改为土壤脱盐率。因此,最终确定此次评价指标共计10项,具体评价指标详见表8-8。

表8-8　暗管工程改良+明沟排水措施综合效益评价指标体系

目标层	准则层	指标层	单位	指标性质
暗管排水工程改良综合效益评价(A)	农田水土环境效益(B_1)	土壤脱盐率(C_1)	%	正向
		地下水矿化度(C_2)	g/L	负向
		土壤有机质(C_3)	g/kg	正向
		土壤速效钾(C_4)	mg/kg	正向
		土壤速效磷(C_5)	mg/kg	正向
		土壤水解氮(C_6)	mg/kg	正向
	经济效益(B_2)	作物收益(C_7)	元/亩	正向
		单位面积净收益(C_8)	元/亩	正向
	社会效益(B_3)	人均纯收入(C_9)	元/人	正向
		农民满意度(C_{10})	%	正向

8.3.2　确定评价指标权重

多指标评价体系中,常用的指标权重方法主要分为主观赋权法和客观赋权法两类。客观赋权法主要有熵权法、主成分分析法、因子分析法等方法。其优点是充分利用原始数据所包含的信息,避免了人为因素对权重的干扰,计算结果具有比较高的准确性和较强的科学理论依据。其缺点是各指标的权重随着原始数据的改变而改变,无法体现出评价指标本身在评价体系中的重要程度。

主观赋权法主要有层次分析法、德尔菲法等方法。其优点是打分专家或学者可以根据评价体系的目标和自身经验把握各评价指标的权重,使得评价体系的结果与目标具有较强的相符性;其主要不足之处在于受打分专家或学者的主观影响较大,部分专家或学者受其研究领域的限制,打分可能缺乏一定的客观性,从而对评价结果产生影响。

因此,为了使评价结果更加合理,本研究将客观赋权法中的熵权法与主观赋权法中的层次分析法相结合,构建组合赋权来确定各评价指标的权重。

1. 熵权法

熵权法(entropy-weight method,EWM)是一种客观赋权评价方法。熵作为一种热力学概念,在 1954 年由德国物理学家 Boltgman 和 Clausius 在"热之唯动说"中提出,是表现系统状态的一种物理量。熵权法是熵理论在权重方面的重要应用。熵权法作为一种客观赋权法,具有较强的操作性,能够有效反映原始数据隐含的信息,增强指标的差异性和分辨性,以避免选取指标的差异过小而造成的分析不清,从而达到全面反映各类信息的目的。

熵权法计算过程如下:

(1)将各个指标进行标准化处理,假设给定 n 个指标 $X_1,X_2,\cdots,X_n$,其中 $X_i = \{X_1,X_2,\cdots,X_n\}$。假设对各指标数据标准化后的值为 $Y_1,Y_2,\cdots,Y_n$,则

负向指标:

$$Y_{ij} = \frac{\max(X_i) - X_{ij}}{\max(X_i) - \min(X_i)} \tag{8-2}$$

正向指标:

$$Y_{ij} = \frac{X_{ij} - \min(X_i)}{\max(X_i) - \min(X_i)} \tag{8-3}$$

式中:X_{ij} 为第 j 项的第 i 个指标;Y_{ij} 为标准化后的数据。

(2)根据信息论中信息熵的定义,一组数据的信息熵为

$$E_j = -\ln(n)^{-1} \sum_{i=1}^{n} p_{ij} \ln p_{ij} \tag{8-4}$$

式中:$p_{ij} = \dfrac{Y_{ij}}{\sum\limits_{i=1}^{n} Y_{ij}}$;$E_j$ 为第 j 项指标的熵值;p_{ij} 为第 j 项下第 i 个指标占该指标的比重;n 为样本数。

（3）根据信息熵的公式，计算各指标的信息熵 $E_1, E_2, \cdots, E_m$，通过信息熵计算各指标的权重，计算公式如下：

$$\omega_j = \frac{1 - E_j}{n - \sum\limits_{j=1}^{n} E_j} \qquad (8-5)$$

式中：ω_j 为评价指标权重。ω_j 的数值越大，表明该指标在评价体系中的权重越大。

2. 层次分析法

层次分析法（analytic hierarchy process，AHP）是一种主观赋权评价方法，由美国运筹学家萨蒂（T. L. Saaty）在 20 世纪 70 年代初提出。层次分析法严格按照数学运算的基础，将一些定性且难以量化的问题进行量化。其将一些定性与定量相混合的复杂决策问题结合成一个统一的整体，再进行综合分析评价。层次分析法具有实用性强、计算操作简单等优点，被广泛地应用于评价领域。

层次分析法的基本步骤：

确定系统中各因素之间的关系，建立决策系统的层次结构，其中最高层（也称目标层）是分析评价问题的目标或者是结果；中间层（也称准则层）是为实现目标所设计的各个中间环节，可以是一层，也可以是多层；最底层（也称指标层）是为实现目标而供选择的各种方式方法或措施。

采用层次分析法确定各评价指标的权重，通过函询相关研究领域专家和学者，根据自身经验对评价指标进行打分，对打分结果利用 1~9 标度法建立相对重要性的判断矩阵（见表 8-9）。

表 8-9 判断矩阵标度及其含义

标度	含义
1	表示两个因素 e_i、e_j 相等，具有同样的重要性，即 $e_i = e_j$
3	表示两个因素 e_i、e_j 相比，e_i 比 e_j 的影响稍强
5	表示两个因素 e_i、e_j 相比，e_i 比 e_j 的影响强
7	表示两个因素 e_i、e_j 相比，e_i 比 e_j 的影响明显强
9	表示两个因素 e_i、e_j 相比，e_i 比 e_j 的影响绝对强
2、4、6、8	表示两个因素 e_i、e_j 相比，在上述两相邻等级之间
1、1/2、1/3、$\cdots$、1/9	e_i、e_j 的影响之比与上面的结果相反

(1)以准则层对应评价指标为评价目标,对指标层评价指标进行两两比较,进而确定评价指标间的相对重要性。设 $X_1, X_2, \cdots, X_k$ 为评价指标,依据判断矩阵标度定义对评价指标进行两两比较判断,建立判断矩阵 $\boldsymbol{E}$:

$$\boldsymbol{E} = \begin{bmatrix} e_{11} & \cdots & e_{1k} \\ \vdots & & \vdots \\ e_{k1} & \cdots & e_{kk} \end{bmatrix} \tag{8-6}$$

式中: $\boldsymbol{E}$ 为判断矩阵; e_{ij} 为评价指标间相对重要程度标度值。

(2)计算判断矩阵 $\boldsymbol{E}$ 最大特征根 $\lambda_{\max}$ 及其特征向量 $\boldsymbol{W}$,并对 $\boldsymbol{W}$ 进行归一化处理,计算公式如下

$$\boldsymbol{E}\boldsymbol{W}_k = \lambda_{\max}\boldsymbol{W}_k \tag{8-7}$$

式中: $\lambda_{\max}$ 为 $\boldsymbol{E}$ 的最大特征根; $\boldsymbol{W}_k$ 为 $\lambda_{\max}$ 的权重向量。

(3)判断矩阵结果是否可靠,避免评价指标的重要性赋值出现错误,可利用一致性指标计算公式进行检验,随机一致性指标中 R_I 的值可查表 8-10 得到。

$$C_I = \frac{\lambda_{\max} - n}{n - 1} \tag{8-8}$$

式中: C_I 为一致性指标; n 为因素个数。

$$C_R = \frac{C_I}{R_I} \tag{8-9}$$

式中: C_R 为检验系数; R_I 为随机一致性指标。

当 $C_R < 0.1$ 时,认为一致性在允许范围内,可接受一致性,且 C_R 越小,说明一致性越好。

表 8-10　随机一致性指标表

n	R_I
1	0
2	0
5	1.12
6	1.24
7	1.32
8	1.41
9	1.45
10	1.49
11	1.52
12	1.54

3.组合赋权

主观赋权法和客观赋权法作为常用的赋权方法,其各自均有不同的优势和特点,也均存在一定的不足。单独作为赋权方法使用时,可能会影响评价结果的准确性。因此,本研究将主观权重和客观权重通过线性加权法进行组合,确定组合权重。经过咨询相关专家和学者并查阅相关资料,主观权重与客观权重同等重要,确定主观偏好系数 $\alpha = 0.5$。计算公式如下:

$$C_n = \alpha \times \omega_j + (1 - \alpha) \times W_k \tag{8-10}$$

式中:C_n 为组合权重;α 为主观偏好系数,取 0.5;ω_j 为熵权法权重;W_k 为层次分析法权重。

8.3.3 评价模型

TOPSIS(technique for order preference by similarity to ideal solution)模型,又称为优劣距离法,由 Hwang 和 Yoon 在 1981 年首次提出,是现代经典综合评价方法之一。目前,TOPSIS 模型广泛应用于多个领域的效益评价和方案决策。其中,"正理想解"和"负理想解"是 TOPSIS 模型中两个重要概念,正理想解表示各指标均达到最优值,即评价体系的最优状态;负理想解表示各指标均为最差值,即评价体系的最差状态。

(1)建立 m 个处理 n 个指标的评价矩阵。

$$\boldsymbol{R} = \begin{bmatrix} r_{11} & \cdots & r_{1m} \\ \vdots & & \vdots \\ r_{n1} & \cdots & r_{nn} \end{bmatrix} \tag{8-11}$$

(2)指标标准化。

$$Z_{ij} = \frac{r_{ij}}{\sqrt{\sum_{i=1}^{n} r_{ij}^2}} \tag{8-12}$$

(3)确定各指标权重。利用权重相关公式,计算得到各指标权重。

(4)确定正、负理想解。

正理想解:

$$Z^+ = (\max\{z_{11}, z_{21}, \cdots, z_{n1}\}, \max\{z_{12}, z_{22}, \cdots, z_{n2}\}, \cdots, \max\{z_{1m}, z_{2m}, \cdots, z_{nn}\})$$
$$\tag{8-13}$$

负理想解:

$$Z^- = (\min\{z_{11}, z_{21}, \cdots, z_{n1}\}, \min\{z_{12}, z_{22}, \cdots, z_{n2}\}, \cdots, \min\{z_{1m}, z_{2m}, \cdots, z_{nn}\})$$
$$\tag{8-14}$$

（5）建立加权的指标正、负理想解的距离。

$$D_j^+ = \sqrt{\sum_{j=1}^{m} \omega_j (Z_j^+ - z_{ij})^2} \qquad (8-15)$$

$$D_j^- = \sqrt{\sum_{j=1}^{m} \omega_j (Z_j^- - z_{ij})^2} \qquad (8-16)$$

（6）计算评价对象优劣解的相对贴近度。

本研究将评价对象优劣解的相对贴近度称为暗管排水工程综合效益得分。

$$S_i = \frac{D^-}{D_i^- + D_i^+} \qquad (8-17)$$

其中，$0 \leqslant S_i \leqslant 1$。当 S_i 值越接近于 1 时，说明暗管排水工程的综合效益越高；当 S_i 值越接近 0 时，说明暗管排水工程的综合效益越低。

8.4　综合效益评价的计算

8.4.1　指标计算

通过整理和计算，分别得到了 2020 年和 2021 年研究区各区域评价指标数据，具体数据见表 8-11。

表 8-11　评价指标数据

评价指标	单位	2020 年				2021 年			
		A	B	C	W	A	B	C	W
土壤脱盐率	％	13.89	28.90	18.17	−4.20	6.77	4.28	4.52	−8.09
地下水矿化度	g/L	0.17	0.70	0.17	0.04	0.33	0.72	0.34	0.11
土壤有机质	g/kg	1.65	0.65	0.23	0.03	1.89	1.64	0.68	0.03
土壤速效钾	mg/kg	19.34	23.33	24.75	14.80	−23.42	−51.50	−0.52	12.30
土壤速效磷	mg/kg	0.29	0.30	0.35	0.22	−0.39	−0.64	−0.33	0.07
土壤水解氮	mg/kg	−1.78	1.77	−3.06	0.60	−2.90	−1.08	−1.92	0.60
作物收益	元/亩	2018.40	1755.50	1886.46	1809.71	2089.05	1717.88	1893.51	1697.80
单位面积净收益	元/亩	1358.96	1123.25	1233.19	1262.05	1424.26	1079.22	1234.90	863.87
人均纯收入	元/人	1960.73	1755.50	1762.35	1545.10	2029.37	1717.88	1768.93	1529.15
农民满意度	—	7.2	7.5	7.9	6.0	8.0	8.0	8.3	6.0

8.4.2 权重计算

1.熵权法

利用式(8-2)至式(8-5),计算得到研究区各评价指标的客观权重,具体如表8-12所示。

表 8-12 评价指标权重(熵权法)

指标名称	权重
土壤脱盐率	0.096
地下水矿化度	0.115
土壤有机质	0.130
土壤速效钾	0.074
土壤速效磷	0.084
土壤水解氮	0.112
作物收益	0.113
单位面积净收益	0.075
人均纯收入	0.102
农民满意度	0.099

2.层次分析法

层次分析法作为主观权重法,通过函询相关领域专家获得权重。本次通过邮件等方式匿名函询了15名相关领域的专家和学者,其中有效评分13位。通过各位专家和学者对于各评价指标的相对重要程度进行打分,整理后得到评价指标判断矩阵,具体如表8-13所示。

表 8-13 评价指标判断矩阵

指标 名称	土壤脱 盐率	地下水 矿化度	土壤有 机质	土壤速 效钾	土壤速 效磷	土壤水 解氮	作物 收益	单位面积 净收益	人均纯 收入	农民满 意度
土壤脱盐率	1	2	2	3	2	2	2	4	4	7
地下水矿化度	1/2	1	2	1/3	2	3	3	4	4	5
土壤有机质	1/2	1/2	1	3	2	2	2	3	3	4

指标 名称	土壤脱 盐率	地下水 矿化度	土壤有 机质	土壤速 效钾	土壤速 效磷	土壤水 解氮	作物 收益	单位面积 净收益	人均纯 收入	农民满 意度
土壤速效钾	1/3	3	1/3	1	1	1	1/3	3	3	4
土壤速效磷	1/2	1/2	1/2	1	1	1	2	4	3	3
土壤水解氮	1/2	1/3	1/2	1	1	1	2	2	2	6
作物收益	1/2	1/3	1/2	3	1/2	1/2	1	2	3	6
单位面积净收益	1/4	1/4	1/3	1/3	1/2	1/2	1/2	1	2	4
人均纯收入	1/4	1/4	1/3	1/3	1/2	1/2	1/3	1/2	1	3
农民满意度	1/7	1/5	1/4	1/3	1/6	1/6	1/6	1/4	1/3	1

通过式(8-6)至式(8-9),计算得到研究区各评价指标的主观权重,评价指标检验系数 C_R 为 0.085<0.1,即认为其一致性在允许范围内,可接受其一致性。具体评价指标权重如表 8-14 所示。

表 8-14　评价指标权重(层次分析法)

指标名称	权重
土壤脱盐率	0.194
地下水矿化度	0.163
土壤有机质	0.137
土壤速效钾	0.109
土壤速效磷	0.100
土壤水解氮	0.092
作物收益	0.095
单位面积净收益	0.050
人均纯收入	0.040
农民满意度	0.020

3.组合权重

通过式(8-10),计算得到研究区各评价指标的组合权重,具体见表 8-15。

表 8 - 15　评价指标组合权重

指标名称	权重
土壤脱盐率	0.145
地下水矿化度	0.139
土壤有机质	0.133
土壤速效钾	0.092
土壤速效磷	0.092
土壤水解氮	0.102
作物收益	0.104
单位面积净收益	0.062
人均纯收入	0.071
农民满意度	0.060

8.4.3　模型计算

通过式(8-11)至式(8-17),计算得到研究区 2020 年和 2021 年各区域暗管排水工程综合效益得分,具体见图 8-6。

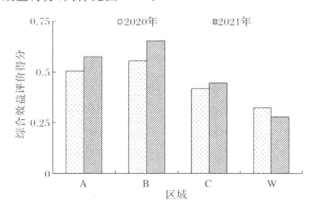

图 8-6　研究区各区暗管排水工程综合效益得分

通过各区域暗管排水协同改良工程的综合效益评价得分图可以看出,暗管排水协同改良工程综合效益最优区均为 B 区,接下来为 A、C、W 区,其中 A、B、C 区综合效益得分均高于 W 区。2021 年暗管控制各区综合效益评价得分较 2020 年均有所增加,增加幅度为 0.028～0.1,W 区综合效益评价得分降低 0.043。暗管排水协同改良工程控制各区综合效益评价得分随着暗管排水协同改良工程实施时间的推移,区域之间综合效益得分差距不断增大,即综合效益差距不断增大。这是由于 B 区土壤盐渍化程度较重,其评价指标改良效果优于 A 区和 C 区。综合来看,暗管排水工程实施后,A、B、C 区综合效益均有不同程度提升,同时 B 区综合效益评价得分最高,说明土壤盐渍化程度越重,暗管排水协同改良工程综合效益评价得分越高,且相较于无暗管区,暗管控制区的土壤盐渍化改良效益提升较为明显。因此,暗管排水协同改良工程对提高区域综合效益具有良好的效果。

　　综上,本研究通过确定土壤脱盐率、作物收益、农民满意度等 10 项评价指标,将熵权法与层次分析法相结合确定评价指标的组合赋权,利用 TOPSIS 模型进行效益评价,建立了暗管排水综合效益评价体系。同时,利用暗管排水工程综合效益评价模型计算得到研究区各区综合效益评价得分,2020 年和 2021 年综合效益评价得分均表现为 B 区>A 区>C 区>W 区。另外,研究区实施暗管排水工程区较未实施区综合效益提升明显,综合效益得分增幅均在 0.096 以上,且监测期间暗管排水工程改良重度土壤盐渍化综合效益评价得分均为最高,分别为 0.555 和0.655。

第 9 章

结论与展望

9.1 主要结论

本研究针对内蒙古河套灌区下游农牧交错区土壤含盐量高、结构差、盐渍化程度严重的现状,开展环保型改良剂与微生物菌剂、节水控盐、暗管排水-耐盐植物双重改良盐渍土等田间试验研究,同时结合实地调查、模型评价的方法,研究筛选环保型化学改良剂和微生物菌剂、综合节水控盐措施下土壤环境、耐盐牧草生长及生物量、牧草与土壤间盐分吸收运移规律,明晰暗管排水协同改良工程综合改良措施对不同程度盐渍化土壤的改良效果,对河套灌区农牧交错区暗管排盐增草兴牧开展农田水土环境、经济和社会的效益综合评价。研究成果将为河套灌区农牧交错带盐碱地治理,实现"节水抑盐、提效增产、改善环境"的目标,促进灌区农牧交错区粮-经-草(饲)多元种植结构协调发展,提供技术支撑和理论依据。

本研究得到以下结论:

(1)综合基于土壤电导率值、pH 值和全盐量的角度考虑,筛选出不二菌碳(5 千克/亩)处理的脱盐率较高,不二菌碳可作为试验区适宜的微生物菌剂。通过分析全生育期内不同处理下土壤有机质、全氮、速效磷和有效钾的含量变化,得出共同施入环保型改良剂磷石膏(1500 千克/亩)与微生物菌剂不二菌碳(5 千克/亩)处理在提升土壤有机质和全氮含量、维持速效磷含量等方面优于对照处理,是适宜改良盐渍土的组合。

(2)利用田间试验揭示了不同暗管埋设参数对土壤水盐、脱盐率以及地下水埋深和矿化度的影响,暗管排水下土壤脱盐效果显著,地下水埋深得到了有效控制,地下水矿化度有所下降,且以暗管埋深 80 cm 间距 20 m 处理的调控效果最优。两年较对照处理分别增产 16.9% 和 25.3%,暗管排水协同改良工程可有效提高向日葵产量,增产效果显著。

(3)种植不同牧草进行盐碱地生物改良可显著降低土壤的全盐量,且土壤中可溶性盐离子含量减少,并显著提高了土壤的有机质含量,土壤化学性质得到改善。基于生育末期植物株高考虑,苏丹草处理较突出;基于降低生育期内土壤全盐量的角度考虑,苜蓿处理最优;基于降低生育期内土壤 SO_4^{2-} 含量的角度考虑,苜蓿处理最优;基于降低生育期内土壤 Cl^- 含量的角度考虑,苏丹草处理最优;基于土壤有机质含量考虑,苜蓿处理含量最高。综合四种耐盐植物改良盐碱土对株高、土壤化学性质的影响,本研究选取苏丹草、苜蓿为适宜河套灌区农牧交错区种植的耐盐牧草。

(4)秸秆所在土层的土壤含水率较高,秸秆还田能够储蓄土壤水分,提高土壤含水率;从牧草播种前到收获期,种植苜蓿的上膜下暗管 T2 处理根层平均含水率高于其他处理,种植苏丹草的上膜下秸 S1 处理根层平均含水率高于其他处理。在种植苏丹草和苜蓿情况下,暗管排水措施灌溉淋洗排盐效果较秸秆深埋更佳,T2处理脱盐率最高,T1 次之;随着温度的升高,土壤盐分随着水分开始向上迁移,但是在秸秆隔层处由于秸秆和土壤的孔隙度不同,盐分无法向上迁移,进而盐分积累在秸秆隔层下部,上膜下秸处理的根层含盐量低,返盐程度较轻。苏丹草在不同节水控盐措施中,T2 处理在产量增加方面效果最为明显;苜蓿在不同节水控盐措施中,T1、T2 和 S2 三个处理在产量增加方面效果较为明显,三者差异不显著。因此,本研究认为较优种植技术为在埋深 0.8 m,间距 20 m 的上膜下暗管处理下分别种植苏丹草和苜蓿。

(5)暗管排水-种植牧草双重作用下,研究区土壤理化性质发生了显著改变。土壤容重降低,孔隙度提高,单植物改盐措施可提高土壤有机质和速效磷含量,种植苜蓿可有效提高土壤的固氮能力,而单独暗管措施促进了土壤 4 种养分的流失。单植物处理土壤表层容重较试验前降低 6.5%~9.4%,苏丹草降幅最高,暗管排水-种植牧草处理降幅高于单植物处理,为 14.7%~16.8%。除 CK 处理,其他处理 0~60 cm 土层平均容重降幅在 0.2%~14.8%,暗管排水-种植苜蓿处理容重降幅最大。单植物处理平均孔隙度较试验前增加 7.8%~11.4%,苜蓿显著高于甜高粱和苏丹草,暗管排水-种植牧草处理孔隙度增幅为 13.9%~15.3%。单植物处理土壤表层有机质含量增幅为 10.7%~19.6%,苜蓿增幅高于甜高粱和苏丹草,暗管排水-种植牧草处理较试验初期减少了 6.3%~10.9%。苜蓿固氮能力较强,土壤表层和次表层碱解氮含量可增加 3.6% 和 4.3%。暗管排水-种植牧草处理表层和次表层碱解氮含量较单植物处理分别低 9.2%～17.3% 和 1.3%～6.7%。3 种牧草土壤表层速效磷含量较试验前增加 11.8%～18.5%，暗管排水-种植牧草双重作用下速效磷降幅为 12.3%～18.7%。甜高粱和苏丹草表层速效钾含量较试验前分别降低了 4.5% 和 4.5%，苜蓿增加了 3.8%。与其他养分指标值相比，土壤表层速效钾暗管处理淋失率最小，为 13.6%。

（6）暗管排水-种植牧草双重作用对土壤水盐也有较大影响。收获期，单植物处理土壤表层和次表层含水率分别较 CK 处理高 0.9%～23.6% 和 4.2%～35.1%。灌水后，暗管排水-种植牧草处理含水率低于单植物处理。各处理表层脱盐率高于耕作层和心土层，单植物处理表层脱盐率范围为 29.3%～43.5%，暗管排水-种植牧草处理脱盐率为 40.0%～61.4%。苜蓿处理各土层脱盐率均最高，苏丹草次之。0～60 cm 土层各离子平均降幅均最大的是暗管-苜蓿处理，暗管排水-种植牧草处理 SO_4^{2-}、$Na^+ + K^+$ 和 Cl^- 平均脱盐率分别为 41.9%～57.5%、33.4%～55.4% 和 31.1%～53.5%，均高于单一暗管处理，说明生物措施增强了暗管排水措施下盐离子运移。

（7）苜蓿和苏丹草两年平均出苗率较甜高粱分别高 12.6% 和 12.5%。暗管排水-种植牧草处理出苗（返青）率均高于单植物处理。暗管排水措施下植株株高较单植物株高增加了 3.1%～21.6%。各处理 2021 年收获期植株高度均高于 2020 年。耐盐植物相对生长速率排序为苏丹草＞甜高粱＞苜蓿。收获期，苏丹草叶面积指数是甜高粱和苜蓿的 1.6～5.9 倍。2021 年，单植物生物量鲜重较 2020 年增长了 10.1%～40.4%，暗管下的 3 种植物生物量鲜重增长了 24.6%～49.2%。暗管排水措施下种植苏丹草和甜高粱总干重显著高于其他处理，分别为 13720 kg/hm² 和 12331 kg/hm²。

（8）暗管排水措施降低了 3 种植物地上部分 Na^+、SO_4^{2-} 和 Cl^- 的积累，降幅分别为 5.6%～50.0%、2.3%～8.9% 和 1.9%～11.3%。暗管排水-种植牧草处理的 K^+/Na^+ 较单植物处理高 28.0%～110.3%。苏丹草和甜高粱对 K^+ 运输能力较强，苜蓿对 Na^+ 具有较强选择性运输能力。暗管-植物处理选择性运输系数较单植物处理高 7.1%～40.3%。暗管排水措施的苜蓿、甜高粱和苏丹草从土壤中吸收的盐分较单植物处理分别高 16.1%、23.8% 和 30.0%。单独种植牧草和暗管排水措施各植物淋溶脱盐率分别为 26.8%～44.6% 和 41.5%～62.2%。暗管使植物吸收的盐分含量增加，同时增加了植物的淋溶量。植物淋溶脱盐量占总脱盐量的 93.7%～98.4%，高于植物带走的盐分含量，因此，植物主要通过根系改善土壤结构来促进盐分随水迁移出根层。

(9)暗管排水协同改良工程的综合效益明显。暗管排水协同改良工程控制 A 区、B 区和 C 区玉米、葵花产量均显著高于对照区,单位面积投资分别为 1530 元/亩、1649 元/亩和 1770 元/亩。工程实施后,研究区人均年纯收入均有所提高,2020 年 A 区农业劳动生产率最小,接下来为 C、B、W 区。研究区新增耕地约 11 亩。农民对暗管排水协同改良工程满意度较高,2020 年农民满意度平均得分 7.2~7.9,2021 年为 8~8.3。基于实际监测成果及确定的主、客观权重值,采用组合赋权法与 TOPSIS 模型评价暗管排水的综合效益显示,两年内综合效益得分趋势一致:B 区>A 区>C 区>W 区,暗管控制各区综合效益得分较 W 区提高 0.096 以上。暗管排水协同改良工程可显著提高研究区综合效益,且在重度盐渍化土壤的综合效益得分均在 0.555 以上,效果更加凸显。

9.2　不足与展望

本研究开展节水改盐措施、耐盐植物种植、暗管排水等综合协同改良措施下盐渍土改良、植物生长的研究,为综合改良盐渍土提供了理论参考和技术支撑,但研究中也存在一些不足。鉴于此,以下方面是下一步亟待开展的研究工作:

(1)本研究执行期为 3 年,时间相对较短,且生物改良盐渍土效果也需要长时间序列的监测,尤其是多年生牧草,需在现有研究基础上继续进行后续监测试验。

(2)植物根系的生长对土壤结构有明显的改善效果,可加速盐分的向下淋洗,今后应开展不同植物根系长度、粗细、密度等指标的研究,对不同植物改良土壤物理性质提供理论依据。

(3)本次研究区实施暗管排水协同改良工程的主要目的是改良土壤盐渍化,对于评价指标的选取较为侧重农田环境角度,且监测时间仅为 2 年,而暗管排水工程效益随其实施时间延长会不断凸显。因此,建议对研究区暗管排水协同改良工程的效益进行长期监测,以期获得更加客观准确的评价结果。

参考文献

艾天成,李方敏,2007.暗管排水对涝渍地耕层土壤理化性质的影响[J].长江大学学报(自科版)农学卷(2):4-5.

安丰华,2012.暗管排水改良苏打碱土技术应用研究[D].长春:吉林农业大学.

鲍卫锋,黄介生,杨芳,等,2005.竖井排水对盐碱化土壤改良的试验研究[J].黑龙江水专学报(4):10-13.

毕远杰,王全九,雪静,2010.覆盖及水质对土壤水盐状况及油葵产量的影响[J].农业工程学报,26(Supp.1):83-89.

边荣荣,2018.甘肃靖远盐碱地地下水动态及水盐调控研究[D].银川:宁夏大学.

陈诚,罗纨,唐双成,等,2018.满足机械收割农艺条件下稻田排水暗管布局DRAINMOD模型模拟[J].农业工程学报,34(14):86-93.

陈诚,罗纨,贾忠华,等,2017.江苏沿海滩涂农田高降渍保证率暗管排水系统布局[J].农业工程学报,33(12):122-129.

陈阳,张展羽,冯根祥,等,2014.滨海盐碱地暗管排水除盐效果试验研究[J].灌溉排水学报,33(3):38-41.

迟道才,程世国,张玉龙,等,2003.国内外暗管排水的发展现状与动态[J].沈阳农业大学学报,34(4):312-316.

邓方宁,吐尔干,2019.地膜覆盖时间对绿洲覆膜滴灌棉田土壤盐分时空变化的影响[J].棉花学报,31(5):448-458.

邓刚,2010.暗管排水系统土壤渗流氮素拦截效果试验研究[D].扬州:扬州大学.

窦旭,史海滨,李瑞平,等,2020.暗管排水控盐对盐渍化灌区土壤盐分淋洗有效性评价[J].灌溉排水学报,39(8):102-110.

杜康瑞,段喜明,赵晋忠,等,2019.盐碱地改良剂与肥料混施对土壤pH值及玉米生长发育的影响[J].华北农学报,34(3):180-185.

杜社妮,白岗栓,于健,等,2014.沙封覆膜种植孔促进盐碱地油葵生长[J].农业工程学报,30(5):82-90.

段生梅,2009.浅谈节水灌溉适宜技术[J].水利科技与经济,15(7):627-628.

范业宽,蔡烈万,徐华壁,1989.暗管排水改良渍害型水稻土的效果[J].土壤肥料(2):9-12.

方锐,2013.南方地区农田暗管排水工程建设模式与标准[D].扬州:扬州大学.

冯根祥,张展羽,方国华,等,2018.暗管排水条件下微咸水灌溉对土壤盐分动态及夏玉米生长的影响[J].排灌机械工程学报,36(9):880-885.

高伟,邵玉翠,杨军,等,2011.盐碱地土壤改良剂筛选研究[J].中国农学通报,27(21):154-160.

耿其明,闫慧慧,杨金泽,等,2019.明沟与暗管排水工程对盐碱地开发的土壤改良效果评价[J].土壤通报,50(3):617-624.

郭大方,陈坤,胡小安,等,2020.农田排水暗管系统施工方法和装备研究现状与展望[J].农业工程,10(11):58-65.

韩立朴,马凤娇,于淑会,等,2012.基于暗管埋设的农田生态工程对运东滨海盐碱地的改良原理与实践[J].中国生态农业学报,20(12):1680-1686.

韩敏,2017.不同改良剂对碱化土壤性质及苜蓿生长的影响[D].呼和浩特:内蒙古农业大学.

郝远远,徐旭,黄权中,等,2014.土壤水盐与玉米产量对地下水埋深及灌溉响应模拟[J].农业工程学报,30(20):128-136.

何继涛,2015.吴忠市暗管排水措施对土壤理化性状的影响[J].宁夏农林科技,56(12):43-44.

何尚仁,张寄梅,刘尚文,等,1994.宁夏惠农县农田暗管排水工程效益分析[J].宁夏农林科技(6):38-40.

何子建,史文娟,杨军强,2017.膜下滴灌间作盐生植物棉田水盐运移特征及脱盐效果[J].农业工程学报,33(23):129-138.

衡通,王振华,李文昊,等,2018.滴灌条件下排水暗管埋深及管径对土壤盐分的影响[J].土壤学报,55(1):111-121.

侯毛毛,陈竞楠,杨祁,等,2019.暗管排水和有机肥施用下滨海设施土壤氮素行为特征[J].农业机械学报,50(11):259-266.

胡发成,2005.种植苜蓿改良培肥地力的研究初报[J].草业科学,22(8):47-49.

黄昌勇,1999.土壤学[M].北京:中国农业出版社.

霍龙,逄焕成,卢闯,等,2015.地膜覆盖结合秸秆深埋条件下盐渍土壤呼吸及其影响因素[J].植物营养与肥料学报,21(5):1209-1216.

姜同轩,陈虹,张玉龙,等,2019.脱硫石膏不同施用量对盐碱地改良安全性评价[J].新疆农业科学,56(3):438-445.

金斌斌,2001.长江下游滨海地区暗管降渍脱盐技术研究[D].南京:河海大学.

靳亚红,杨树青,张万锋,等,2020.秸秆与地膜覆盖方式对咸淡交替灌溉模式下水盐调控及玉米产量的影响[J].中国土壤与肥料(2):198-205.

柯夫达,1957.盐渍土的发生与演变[M].北京:科学出版社.

孔繁瑞,屈忠义,刘雅君,等,2009.不同地下水埋深对土壤水、盐及作物生长影响的试验研究[J].中国农村水利水电(5):44-48.

雷廷武,ISSAC S,袁普金,等,2001.内蒙古河套灌区有效灌溉及盐碱控制的战略思考(英文)[J].农业工程学报,17(1):48-52.

李昂,张鸣,张建,等,2018.西北干旱灌溉区种植春小麦和牧草对耕地盐渍化的影响[J].水土保持通报,38(3):32-37.

李芙荣,杨劲松,吴亚坤,等,2013.不同秸秆埋深对苏北滩涂盐渍土水盐动态变化的影响[J].土壤,45(6):1101-1107.

李建来,程方武,薄其田,2013.巧用暗管排碱技术改善黄河三角洲盐碱土地的方法研究[J].中国科技信息(24):36.

李开明,2020.灌水量和暗管埋深对排水排盐规律的影响与数值模拟[D].石河子:石河子大学.

李楷奕,王红雨,马利军,等,2019.暗管排水改善土壤水盐性状的原位监测试验研究[J].宁夏工程技术,18(2):133-137.

李巧珍,李玉中,郭家选,等,2010.覆膜集雨与限量补灌对土壤水分及冬小麦产量的影响[J].农业工程学报,26(2):25-30.

李尚中,樊廷录,王勇,等,2014.不同覆膜集雨种植方式对旱地玉米叶绿素荧光特性、产量和水分利用效率的影响[J].应用生态学报,25(2):458-466.

李晓菊,单鱼洋,王全九,等,2020.腐殖酸对滨海盐碱土水盐运移特征的影响[J].水土保持学报,34(6):288-293.

李晓爽,2020.掺沙及施用生物有机肥对盐碱地水盐运移和冬小麦生长发育影响的研究[D].北京:中国农业科学院.

李显微,左强,石建初,等,2016.新疆膜下滴灌棉田暗管排盐的数值模拟与分析Ⅰ:模型与参数验证[J].水利学报,47(4):537-544.

李占柱,1985.我国暗管排水工程经济效益的一些分析[J].灌溉排水(2):7-13.

蔺海明,贾恢先,张有福,等,2003.毛苕子对次生盐碱地抑盐效应的研究[J].草业学报,12(4):58-62.

蔺亚莉,李跃进,2016.碱化盐土掺砂对土壤理化性状和玉米产量影响的研究[J].中国土壤与肥料(1):119-123.

刘庚衢,2020.杭锦后旗盐碱地改良示范区盐碱地改良整治效益评价研究[D].长春:吉林农业大学.

刘浩杰,刘宏娟,谭莉梅,等,2012.近滨海盐碱地暗管排水条件下地下水埋深动态变化模拟[J].中国生态农业学报,20(12):1687-1692.

刘慧涛,谭莉梅,于淑会,等,2012.河北滨海盐碱区暗管埋设下土壤水盐变化响应研究[J].中国生态农业学报,20(12):1693-1699.

刘名江,吴波,李来永,等,2018.基于熵权 TOPSIS 模型的盐碱地紫花苜蓿施氮效果评价[J].家畜生态学报,39(10):53-58.

刘瑞敏,杨树青,史海滨,等,2017.河套灌区中度盐渍化土壤改良产品筛选研究[J].土壤,49(4):776-781.

刘涛,2020.宁夏引黄灌区盐碱荒地水肥盐与植物根系调控技术研究[D].北京:北京林业大学.

刘文龙,罗纨,贾忠华,等,2013.黄河三角洲暗管排水的综合效果评价[J].干旱地区农业研究,31(2):122-126.

刘雅辉,王秀萍,刘广明,等,2017.滨海盐土区 4 种典型耐盐植物盐分离子的积累特征[J].土壤,49(4):782-788.

刘永,王为木,周祥,2011.滨海盐土暗管排水降渍脱盐效果研究[J].土壤,43(6):1004-1008.

刘玉国,杨海昌,王开勇,等,2014.新疆浅层暗管排水降低土壤盐分提高棉花产量[J].农业工程学报,30(16):84-90.

卢星辰,张济世,苗琪,等,2017.不同改良物料及其配施组合对黄河三角洲滨海盐碱土的改良效果[J].水土保持学报,31(6):326-332.

卢闯,张宏媛,刘娜,等,2019.免耕覆膜增加中度盐碱土团聚体有机碳和微生物多样性[J].农业工程学报,35(21):116-124.

马博思,2021.秸秆覆盖条件下不同改良剂对土壤水盐和养分运移的影响研究[D].哈尔滨:东北农业大学.

马晨,马履一,刘太祥,等,2010.盐碱地改良利用技术研究进展[J].世界林业研究,23(2):28-32.

马凤娇,谭莉梅,刘慧涛,等,2011.河北滨海盐碱区暗管改碱技术的降雨有效性评价[J].中国生态农业学报,19(2):409－414.

马贵仁,王丽萍,屈忠义,等,2020.构建河套灌区大规模盐碱地改良效果评估指标体系[J].灌溉排水学报,39(8):72－84.

马金慧,史海滨,杨树青,等,2014.基于土壤水分阈值下引黄灌区春玉米安全用水管理策略[J].干旱区资源与环境,28(10):133－139.

毛桂莲,许兴,徐兆桢,2004.植物耐盐生理生化研究进展[J].中国生态农业学报,12(1):43－46.

倪同坤,2005.滩涂暗管排水快速改良重盐土效应试验研究[J].黑龙江水专学报(2):26－29.

潘洁,王立艳,肖辉,等,2015.滨海盐碱地不同耐盐草本植物土壤养分动态变化[J].中国农学通报,31(18):168－172.

潘智,黄平,蒋代华,等,1993.暗管排水治理渍害田初探[J].热带亚热带土壤科学(2):88－92.

逄焕成,李玉义,2014.西北沿黄灌区盐碱地改良与利用[M].北京:科学出版社.

逄焕成,李玉义,于天一,等,2011.不同盐胁迫条件下微生物菌剂对土壤盐分及苜蓿生长的影响[J].植物营养与肥料学报,17(6):1403－1408.

庞晓攀,张静,刘慧霞,等,2015.地膜覆盖对盐碱地紫花苜蓿生长性状及产量的影响[J].草业科学,32(9):1482－1488.

蒲胜海,努尔金,王新勇,等,2014.暗管排盐对吉尔吉斯斯坦楚河盆地盐碱地的改良效应[J].新疆农业科学,51(11):2144－2149.

乔海龙,刘小京,李伟强,等,2006a.秸秆深层覆盖对水分入渗及蒸发的影响[J].中国水土保持科学,4(2):34－38.

乔海龙,刘小京,李伟强,等,2006b.秸秆深层覆盖对土壤水盐运移及小麦生长的影响[J].土壤通报,37(5):885－889.

邵华伟,崔磊,许咏梅,等,2018.滴施改良剂对新疆盐碱土改良及甜菜产量的影响[J].中国土壤与肥料(2):49－53.

史海滨,田军仓,刘庆华,等,2006.灌溉排水工程学[M].北京:中国水利水电出版社.

石佳,2016.惠农暗管排水对油葵和玉米田间土壤脱盐及产量影响研究[D].银川:宁夏大学.

石佳,田军仓,朱磊,2017.暗管排水对油葵地土壤脱盐及水分生产效率的影响[J].灌溉排水学报,36(11):46－50.

石培君,刘洪光,何新林,等,2020.膜下滴灌暗管排水规律及土壤脱盐效果试验研究[J].排灌机械工程学报,38(7):726-730.

宋功明,程方武,韩伟,2005.暗管排水技术在鲁北地区的应用探讨[J].山东水利(10):47.

宋沙沙,苟宇波,何欣燕,等,2017.改良剂对盐碱土的改良效应及垂柳生长的影响[J].北京林业大学学报,39(5):89-97.

苏挺,2017.红旗农场土壤盐渍化状况调查及不同埋深暗管排盐效果研究[D].阿拉尔:塔里木大学.

孙宇梅,赵进,周威,等,2005.我国盐生植物碱蓬开发的现状与前景[J].北京工商大学学报(自然科学版)(1):1-4.

谭莉梅,刘金铜,刘慧涛,等,2012.河北省近滨海区暗管排水排盐技术适宜性及潜在效果研究[J].中国生态农业学报(12):1673-1679.

谭攀,王士超,付同刚,等,2021.我国暗管排水技术发展历史、现状与展望[J].中国生态农业学报(中英文),29(4):633-639.

田冬,桂丕,李化山,等,2018.不同改良措施对滨海重度盐碱地的改良效果分析[J].西南农业学报,31(11):2366-2372.

田玉福,窦森,张玉广,等,2013.暗管不同埋管间距对苏打草甸碱土的改良效果[J].农业工程学报,29(13):145-143.

王斌,马兴旺,单娜娜,等,2014.新疆盐碱地土壤改良剂的选择与应用[J].干旱区资源与环境,28(7):111-115.

王赫生,李燕,张庆,等,2018.基于农作物与地下水作用试验的灌溉分区研究[J].节水灌溉(1):86-89.

王立艳,潘洁,杨勇,等,2014.滨海盐碱地种植耐盐草本植物的肥土效果[J].草业科学,31(10):1833-1839.

王伦平,1992.从河套看大型引黄灌区的节水对策[J].内蒙古水利科技(4):1-5.

王婧,逄焕成,任天志,等,2012.地膜覆盖与秸秆深埋对河套灌区盐渍土水盐运动的影响[J].农业工程学报,28(15):52-59.

王庆蒙,景宇鹏,李跃进,等,2020.不同培肥措施对河套灌区盐碱地改良效果[J].中国土壤与肥料(5):124-131.

王倩姿,王玉,孙志梅,等,2019.腐植酸类物质的施用对盐碱地的改良效果[J].应用生态学报,30(4):1227-1234.

王秋菊,刘峰,常本超,等,2017.三江平原低湿地水田土壤理化特性及暗管排水效果[J].农业工程学报,33(14):138－143.

王善仙,刘宛,李培军,等,2011.盐碱土植物改良研究进展[J].中国农学通报,27(24):1－7.

王升,王全九,周蓓蓓,等,2014.膜下滴灌棉田间作盐生植物改良盐碱地效果[J].草业学报,23(3):362－367.

王文杰,贺海升,祖元刚,等,2009.施加改良剂对重度盐碱地盐碱动态及杨树生长的影响[J].生态学报,29(5):2272－2278.

王晓峰,2012.内蒙古盐碱地改良措施方法[J].现代农业(3):77.

王相平,杨劲松,张胜江,等,2020.石膏和腐植酸配施对干旱盐碱区土壤改良及棉花生长的影响[J].土壤,52(2):327－332.

王学全,高前兆,卢琦,等,2006.内蒙古河套灌区水盐平衡与干排水脱盐分析[J].地理科学(4):455－460.

王雅云,2018.民勤绿洲地下水埋深动态变化及其影响因子研究[D].兰州:甘肃农业大学.

王志春,梁正伟,2003.植物耐盐研究概况与展望[J].生态环境,12(1):106－109.

魏忠平,邢兆凯,于雷,等,2009.北方泥质海岸盐碱地种植牧草肥土效果研究[J].辽宁林业科技(2):8－10.

温国昌,徐彦虎,林启美,等,2016.草木樨与脱硫石膏对内蒙古盐渍化土壤的改良培肥作用与效果[J].干旱地区农业研究,34(1):81－86.

温季,宰松梅,郭树龙,等,2008.淮北砂姜黑土区暗管排水氮素流失模拟研究[J].灌溉排水学报(5):104－106.

翁森红,李维炯,刘玉新,等,2005.黄河三角洲东营地区盐生植物种质资源及经济价值[J].中国种业(8):18－19.

吴克侠,耿丽平,赵全利,等,2015.微生物菌剂与耕作方式对冬小麦土壤化学性状的影响[J].中国农学通报(15):193－201.

吴谋松,洪林,2012.基于农田排水氮素流失试验的虚拟实验设计[J].武汉大学学报(工学版),45(3):305－309.

肖克飚,吴普特,雷金银,等,2012.不同类型耐盐植物对盐碱土生物改良研究[J].农业环境科学学报,31(12):2433－2440.

邢尚军,张建锋,郗金标,等,2003.白刺造林对重盐碱地的改良效果[J].东北林业大学学报,31(6):96－98.

徐彬冰,虞红兵,李丽,等,2018.沿海土地整治区地下排水模式设计研究[J].灌溉排水学报,37:175-179.

许瑛,1995.石屑水泥管在农田地下排水工程中的推广应用[J].江西水利科技(2):121-127.

闫素珍,米志恒,孙祥春,等,2018.临河区向日葵田盐碱地改良效果研究[J].北方农业学报,46(6):54-57.

闫玉民,李凯,2014.暗管排水对土壤-番茄系统的影响及其综合效益评价[J].河南农业科学,43(11):49-52.

杨长刚,柴守玺,常磊,等,2015.不同覆膜方式对旱作冬小麦耗水特性及籽粒产量的影响[J].中国农业科学,48(4):661-671.

杨金楼,朱济成,朱连龙,等,1981.塑料暗管排水作用初探[J].上海农业科技(1):29-32.

杨劲松,2008.中国盐渍土研究的发展历程与展望[J].土壤学报(5):837-845.

杨瑞珍,毕于运,1996.我国盐碱化耕地的防治[J].干旱区资源与环境(3):22-30.

杨树青,2005.基于 Visual-MODFLOW 和 SWAP 耦合模型干旱区微咸水灌溉的水-土环境效应预测研究[D].呼和浩特:内蒙古农业大学.

姚中英,赵正玲,苏小琳,2005.暗管排水在干旱地区的应用[J].塔里木大学学报(2):76-78.

叶洪峰,王炳华,2014.浅谈江苏滨海盐碱地暗管改碱示范建设[J].农业与技术,34(9):245.

曾文治,黄介生,吴谋松,等,2012.不同棉田暗管布置方式对氮素流失影响的模拟分析[J].灌溉排水学报,31(2):124-126.

章嘉慧,陆丰年,黄平,等,1991.暗管排水治理渍害低产田效果研究[J].广西农学院学报(2):35-42.

张建锋,邢尚军,孙启祥,等,2004.黄河三角洲重盐碱地白刺造林技术的研究[J].水土保持学报,18(6):144-147.

张金龙,刘明,钱红,等,2018.漫灌淋洗暗管排水协同改良滨海盐土水盐时空变化特征[J].农业工程学报,34(6):98-103.

张金龙,张清,王振宇,等,2012.排水暗管间距对滨海盐土淋洗脱盐效果的影响[J].农业工程学报,28(9):85-89.

张凯凯,2018.暗管排水和稻草还田对设施连作土壤改良及切花菊品质的影响[D].南京:南京农业大学.

张凯凯,赵爽,陈慧杰,等,2020.暗排技术对设施连作土壤改良及切花菊品质的影响[J].土壤,52(1):139-144.

张开祥,马宏秀,孟春梅,等,2018.明沟排水对盐渍化枣田土壤盐分的影响[J].水土保持通报,38(2):307-312.

张兰亭,李龙昌,孙香英,1992.暗管排水改良滨海盐土及其效果分析[J].农田水利与小水电(2):6-10.

张立宾,2005.盐生植物的耐盐能力及其对滨海盐渍土的改良效果研究[D].济南:山东农业大学.

张明炷,黎庆淮,石秀兰,2007.土壤学与农作学[M].北京:中国水利水电出版社.

张万锋,杨树青,娄帅,等,2020.耕作方式与秸秆覆盖对夏玉米根系分布及产量的影响[J].农业工程学报,36(7):117-124.

张先富,2011.苏打盐碱土对氮转化影响实验研究[D].长春:吉林大学.

张旭龙,马淼,吴振振,等,2017.不同油葵品种对盐碱地根际土壤酶活性及微生物群落功能多样性的影响[J].生态学报,37(5):1659-1666.

张亚年,李静,2011.暗管排水条件下土壤水盐运移特征试验研究[J].人民长江,42(22):70-72.

张义强,白巧燕,王会永,2019.河套灌区地下水适宜埋深、节水阈值、水盐平衡探讨[J].灌溉排水学报,38(S2):83-86.

张义强,王瑞萍,白巧燕,2018.内蒙古河套灌区土壤盐碱化发展变化及治理效果研究[J].灌溉排水学报,37(S1):118-122.

张义强,2013.河套灌区适宜地下水控制深度与秋浇覆膜节水灌溉技术研究[D].呼和浩特:内蒙古农业大学.

张亦冰,高宗昌,2018.盐碱地治理中排水暗管间距和外包滤料应用分析[J].中国水土保持(9):27-29.

张翼夫,李洪文,胡红,等,2017.打孔灌沙促进漫灌下盐碱土水分下渗提高脱盐效果[J].农业工程学报,33(6):76-83.

张云,张相柱,2018.磷石膏混合法对盐碱地的改良研究[J].内蒙古水利,196(12):19-20.

张永宏,2005.盐碱地种植耐盐植物的脱盐效果[J].甘肃农业科技(3):48-49.

张友义,1982.农田暗管排水技术[J].水利水电技术(5):42-49.

张展羽,张月珍,张洁,等,2012.基于DRAINMOD-S模型的滨海盐碱地农田暗管排水模拟[J].水科学进展,6(23):782-789.

张忠婷,2020.北方荒漠化盐碱地区施用改良剂和种植苜蓿对土壤肥力的影响

［D］.呼和浩特:内蒙古农业大学.

赵海林,马艳芝,李静霞,等,2010.盐地碱蓬食用价值的研究［J］.安徽农业科学,38(26):14350－14351.

赵小雷,蔡永立,施朝阳,等,2014.滨海盐碱地绿化植被评价指标体系构建及应用［J］.广东农业科学,41(23):145－149.

赵昕,赵敏桂,谭会娟,等,2007.NaCl 胁迫对盐芥和拟南芥 K^+、Na^+ 吸收的影响［J］.草业学报,16(4):21－24.

赵永敢,李玉义,胡小龙,等,2013.地膜覆盖结合秸秆深埋对土壤水盐动态影响的微区试验［J］.土壤学报,50(6):1129－1137.

郑青松,刘玲,刘友良,等,2003.盐分和水分胁迫对芦荟幼苗渗透调节和渗调物质积累的影响［J］.植物生理与分子生物学学报,29(6):585－588.

周福国,田佩琦,1985.暗管排水效果初步分析天津市潮宗桥试区［J］.农田水利与小水电(3):9－10.

周利颖,李瑞平,苗庆丰,等,2021.排盐暗管间距对河套灌区重度盐碱土盐碱特征与肥力的影响［J］.土壤,53(3):602－609.

周萌,2017.沿运灌区稻麦轮作农田排水过程监测与模拟研究［D］.扬州:扬州大学.

周明耀,陈朝如,毛春生,等,2000.滨海盐土地区稻田暗管排水效果试验研究［J］.农业工程学报(2):54－57.

周志贤,何在友,1995.暗管排水治理圩区渍害田经济效益显著［J］.灌溉排水,14(2):58－59.

朱成立,陈婕,冯宝平,等,2013.基于投影寻踪的滨海盐碱地改良综合效应评价［J］.水利水电科技进展,33(2):20－25.

朱义,谭贵娥,何池全,等,2007.盐胁迫对高羊茅幼苗生长和离子分布的影响［J］.生态学报,27(12):5447－5454.

祝榛,王海江,苏挺,等,2018.盐渍化农田不同埋深暗管排盐效果研究［J］.新疆农业科学,55(8):1523－1533.

邹家荣,罗纳,马勇,等,2020.基于机械收割要求的稻麦轮作农田暗管排水布局模拟［J］.中国农村水利水电(3):4－9.

ABDEL-DAYEM S,RITZEMA H P,1990. Verification of drainage design criteria in the Nile Delta,Egypt［J］. Irrigation and Drainage Systems,4(2):117－131.

ACUÑA R S, HANSEN H, GALLARDO C J, et al, 2019. Antarctic

extremophiles：Biotechnological alternative to crop productivity in Saline Soils [J]. Frontiers in Bioengineering and Biotechnology,7：22.

ASHUTOSH M,SHARMA S,KHAN G,2003. Improvement in physical and chemical properties of sodic soil by 3,6 and 9 years old plantation of Eucalyptus tereticornis Biorejuvenation of sodic soil[J]. Forest Ecology and Management(184)：115 - 124.

ASISH K P,ANATH B D,2005. Salt tolerance and salinity effects on plants：A review[J]. Ecotoxicology and Environmental Safety,60：324 - 349.

BARRETT L,WARREN B,1990. Agriculture on saline soils-direction for the future[Z]. Australia：Revegetation of Saline Land,InstituteforIrrigation and Salinity Research Tatura VictoriaAustralia.

BENHUI W,2017. Initial exploration on effect of aaline—alkali land rebuilding and utilization by Fenlong cultivation[J]. Agricultural Science & Technology, 18(12)：2396 - 2400.

BETANCUR G, ALVAREZ B, RAMOS V, et al, 2006. Bioremediation of polycyclic aromatic hydrocarbon contaminated saline alkaline soils of the former Lake Texcoco[J]. Journal Citation Reports,62：1749 - 1760.

BEZBORODOV G A,SHADMANOV D K,MIRHASHIMOV R T,et al,2010. Mulching and water quality effects on soil salinity and sodicity dynamics and cotton productivity in Central Asia [J]. Agriculture, Ecosystems and Environment,138(1/2)：95 - 102.

BHARTI N,BARNAWAL D,SHUKLA S,et al,2016. Integrated application of Exiguobacterium oxidotolerans, Glomus fasciculatum, and vermicompost improves growth,yield and quality of Mentha arvensis in salt-stressed soils[J]. Industrial Crops and Products(12)：717 - 728.

CHRISTEN E, SKEHAN D, 2001. Design and management of subsurface horizontal drainageto reduce salt loads[J]. Journal of Irrigation and Drainage Engineering,127(3)：148 - 155.

DIOUMACOR F,NIOKHOR B,FATOUMATA F,et al,2017. Improvement of tree growth in salt-affected soils under greenhouse conditions using a combination of peanut shells and microbial inoculation [J]. Journal of Agricultural Biotechnology and Sustainable Development,9(5)：36 - 44.

EVAN C,DOMINIC S,2001. Design and management of subsurface horizontal drainageto reduce salt loads [J]. Journal of Irrigation and Drainage Engineering,127(3):148 – 155.

FANG Z L,HUANG Z B,MA Y,et al,2013. Improvement effects of different environmental materials on coastal saline-alkali Soil in Yellow River Delta[J]. Materials Science Forum,27(4):186 – 190.

GHALY F M,2002. Role of natural vegetation in improving salt affected soil in northern Egypt[J]. Soil and Tillage Research,64:173 – 178.

GHUMMAN A R, 2011. Impact assessment of subsurface drainage on waterlogged and saline lands[J]. Environmental Monitoring and Assessment, 172(1 – 4):189 – 197.

GRITSENKO G V,GRITSENKO A V,1999. Quality of irrigation water and outlook for phytomelioration of soils[J]. Eurasian Soil Science,32:236 – 242.

IDRIS B,SUAT N A,2009. Subsurface drainage and salt leaching in irrigation land in south-east Turky[J]. Irrigation and Drainage(58):346 – 356.

ISABELLA C,ROBERT G,2001. Preinoculation of lettuce and onion with VA mycorrhizal fungi reduces deleterious effects of soil salinity[J]. Plant and Soil, 233(2):269 – 281.

LUO W, SANDS G R, YOUSSEF M, et al, 2010. Modeling the impact of alternative drainage practices in the corn-belt with DRAINMOD-NII [J]. Agricultural Water Management,97(3):389 – 398.

LUO W,SKAGGS R,MADANI A,et al,2001. Predicting field hydrology in cold conditions with DRAINMOD[J]. Transactions of the ASAE,44(4):825 – 834.

MORENO F,CABRERA F,ANDREW L,et al,1995. Water movement and salt leaching in drained and irrigated marsh soils of Southwest Spain [J]. Agricultural Water Management,27(1):25 – 44.

MUHAMMAD J,MUHAMMAD S,SHAHZADA M,et al,2011. Fruit yield improvement of deteriorated guava plants in salt affected soil[J]. Soil and Environment,30(2):166 – 170.

MUNNS R,JAMES R A,LAUCHLI A,2006. Approaches to increasing the salt tolerance of wheat and other cereals[J]. Journal of Experimental Botany,57: 1025 – 1043.

MUNNS R, TESTER M, 2008. Mechanisms of salinity tolerance[J]. Annual Review of Physiology and Plant Molecular Biology, 59:651 - 681.

MURTAZA G, GHAFOOR A, QADIR M, 2006. Irrigation and soil management strategies for using saline-sodic water in a cotton wheat rotation [J]. Agricultural Water Management, 81:98 - 114.

NIAZI M F K, GHUMMAN A R, WOLTERS W, 2008. Evaluation of impact of Khushab sub surface pipe drainage project in Pakistan[J]. Irrigation and Drainage Systems, 22(1):35 - 45.

PUNITHA M, RAJENDRAN R, 2017. Performance evaluation of subsurface drainage system with reference to water table response in Aduthurai, Tamil Nadu, India[J]. Current Journal of Applied Science and Technology(56):1 - 8.

QADIR M, GHAFOOR A, MURTAZA G, 2001. Amelioration strategies for saline soils: A review[J]. Land Degradation and Development, 11(6):501 - 521.

QI Z J, FENG H, ZHAO Y, et al, 2018. Spatial distribution and simulation of soil moisture and salinity under mulched drip irrigation combined with tillage in an arid saline irrigation district, northwest China [J]. Agricultural Water Management, 201:219 - 231.

QI Z J, ZHANG T B, ZHOU L, et al, 2016. Combined effects of mulch and tillage on soil hydrothermal conditions under drip irrigation in Hetao Irrigation District, China[J]. Water, 8(11):504.

RAMOLIYA P, PANDEY A, 2003. Effect of salinization of soil on emergence, growth and survival of seedlings of Cordia rothii[J]. Forest Ecology and Management, 176(1):185 - 194.

RAVINDRAN K, VENKATESAN K, BALAKRISHNAN V, et al, 2007. Restoration of saline land by halophytes for Indian soils[J]. Soil Biology and Biochemistry, 39(10):2661 - 2664.

RIMIDIS A, DIERICKX W, 2003. Evaluation of subsurface drainage performance in Lithuania[J]. Agricultural Water Management(59):15 - 31.

RITZEMA H, NIJLAND H, CROON F, 2006. Subsurface drainage practices: From manual installation to large-scale implementation[J]. Agricultural Water Management, 86(1):60 - 71.

SHAO T Y, GU X Y, ZHU T S, et al, 2019. Industrial crop Jerusalem artichoke restored coastal saline soil quality by reducing salt and increasing diversity of bacterial community[J]. Applied Soil Ecology,139:195 – 206.

SKAGGS R W,1978. A water management model for shallow water table soils [Z]. Univ. of North Carolina Water Resource. Res. Inst. Tech. Rep.

SKAGGS T H,TROUT T J,SIMUNEK J,et al,2004. Comparison of HYDRUS-2D simulations of drip irrigation with experimental observations[J]. Journal of Irrigation and Drainage Engineering,30(4):304 – 310.

SLOAN B P,BASU N B,MANTILLA R,2016. Hydrologic impacts of subsurface drainage at the field scale:Climate, landscape and anthropogenic controls[J]. Agricultural Water Management,165:1 – 10.

TEJADA M,GONZALEZ J L,2005. Beet vinasse applied to wheat under dryland conditions affects soil properties and yield[J]. European Journal of Agronomy, 23(4):336 – 347.

WANG S J,CHEN Q,LI Y,et al,2017. Research on saline-alkali soil amelioration with FGD gypsum[J]. Resources Conservation and Recycling,121:82 – 92.

WANG Z J, ZHUANG J J, ZHAO A P, et al, 2018. Types, harms and improvement of saline soil in Songnen Plain[J]. IOP Conf. Series:Materials Science and Engineering,322:052 – 059.

XU J C,LI X B,2019. Reclamation of coastal saline wastel and using drip irrigation and embedded subsurface pipes[J]. Agronomy Journal,111(6):2881 – 2888.

ZHANG S J, YING C, ZHANG C L,et al,2010. Earthworms enhanced winter oilseed rape (Brassica napus L.)growth and nitrogen uptake[J]. Agriculture, Ecosystems and Environment,139(4):463 – 468.

ZIED H A, SALEM B, 2019. Subsurface drainage system performance, soil salinization risk,and shallow groundwater dynamic under irrigation practice in an arid land[J]. Arabian Journal for Science and Engineering(44):467 – 477.